# 驱散自卑的阴影

[英] 杰西米·希伯德
乔·乌斯马 著
武 岳 译

知识产权出版社
全国百佳图书出版单位

**图书在版编目（CIP）数据**

驱散自卑的阴影/（英）希伯德（Hibberd，J.），（英）乌斯马（Usmar，J.）著；武岳译. — 北京：知识产权出版社，2015.8

（心理自助口袋书）

书名原文：This book will make you confident

ISBN 978-7-5130-3697-9

Ⅰ. ①驱… Ⅱ. ①希… ②乌… ③武… Ⅲ. ①个性心理学 Ⅳ. ①B848

中国版本图书馆CIP数据核字（2015）第183835号



**责任编辑：** 常玉轩　　**责任校对：** 孙婷婷
**封面设计：** 陶建胜　　**责任出版：** 刘译文

**驱散自卑的阴影**

［英］杰西米·希伯德　乔·乌斯马　著
武　岳　译

| | | | |
|---|---|---|---|
| **出版发行：** | 知识产权出版社有限责任公司 | **网　　址：** | http：//www.ipph.cn |
| **社　　址：** | 北京市海淀区马甸南村1号（邮编：100088） | **天猫旗舰店：** | http://zscqcbs.tmall.com |
| **责编电话：** | 010-82000860转8572 | **责编邮箱：** | changyuxuan08@163.com |
| **发行电话：** | 010-82000860转8101/8102 | **发行传真：** | 010-82000893/82005070/82000270 |
| **印　　刷：** | 北京科信印刷有限公司 | **经　　销：** | 各大网上书店、新华书店及相关专业书店 |
| **开　　本：** | 880mm×1230mm　1/32 | **印　　张：** | 7.5 |
| **版　　次：** | 2015年8月第1版 | **印　　次：** | 2015年8月第1次印刷 |
| **字　　数：** | 100千字 | **定　　价：** | 28.00元 |

ISBN 978-7-5130-3697-9

京权图字：01-2015-5002

## 作者的话

我们生活在一个日新月异的时代，有时生活可能会荆棘密布。我们不断被各方力量拉扯着，奋力应对着外部因素施加给自己的，最重要的是我们自己施加给自己的种种压力。选择的范围越广，意味着担负的责任越重大，有时这也会成为应激、不幸福及自我怀疑得以滋生的温床。通常来说，只有极少数人（如果有的话）会认为他们能将工作、生活和人际关系处理得井井有条。所以，我们中的大多数都会时不时地需要一些帮助，启发我们认识到如何才能改善自己的心情，改变自己的生活态度，从而使自己感到更加满足。

本丛书旨在帮你领会，为何你会以特定的方式思考、感受，以及行动，并教给你一些能使你产生积极转变的方法与技巧。当然，我们并非复杂医学术语的狂热爱好者，故而我们在写作过程中，试图令本书通俗易懂且趣味丛生，因为我们知道你希望尽快见到成效。这些简洁而切实可行的指导将向你揭示，如何才能集中你的思维、发展应对策略，并学到实际的技巧，用更积极而有益的方式面对生活中的一切。

我们相信自助未必意味着令人困惑、有价值亦或高人一等。在书中，我们介绍了自身的专业经验和最新的研究成果，穿插了一些趣闻及示例，我们认为这非常有用，希望你也能从中受益。依据聚焦领域的不同，本套丛书分为如下几个部分：睡眠问题、不快乐、缺乏自信、压力，你可以把注意力集中于自己最感兴趣的部分。

本书的写作以认知行为疗法的框架为基础。该疗法对于各种各样的问题均有非常显著的疗效，我们也深信它能帮助你更好地应对所面临的一切。

在书中，我们大量应用了被称为认知地图的图表。这种图表简单易用，便于理解。认知地图以认知行为疗法为基础，揭示你的思维、行为、情绪及生理反应有着怎样的相互联系。它将问题划分为若干部分，令其看起来不再那么难以克服，同时提出了可供选择的改进措施。

本书自始至终都包含了练习和自查清单。它们将指导你，经由一些实践性的步骤改变你感受事物的方式。单纯阅读理论对你的帮助极其有限，而通过介绍这些具体措施，我们便可轻而易举地使这些改变成为你日常生活的一部分。假如你想长期保持更良好的感觉，唯有实际应用所学到的全部策略，改变你体验生活的方式。

你可以选择让自己感觉好一些，这本书将告诉你应该如何去做。

祝你好运！为了让我们了解你所取得的进展，你可以登录以下网址与我们取得联系：www.jessamyandjo.com。

# 前言

《牛津英语辞典》将自信定义为“人们基于对自身能力或素质的欣赏，而产生的一种自我肯定的感觉”。不可否认，自信会对你的生活产生全方位的影响。缺乏自信会令每件事看起来都更加困难，前景更加黯淡，目标也更难达成。这绝对是真实的，并非危言耸听。本质上，自信与你对自身处事能力的判断紧密相联。而这一切又都与自尊有关，也就是你如何衡量自己的重要性和自我价值感。如果你认为自己在各个方面都有所欠缺，那么，在你身上发生的每件事也都将蒙上一层灰色，这会使你更有可能感到焦虑、紧张甚至抑郁。你会因自己的不安全感轻视自己所取得的成就，也会因此更改自己的志向或者目标。

这听起来似乎十分糟糕。不过，请别担心，我们还有一条好消息要告诉你。

首先，你完全可以提升自己的自尊，并令自己感到更加自信。我们会在书中介绍一些简单的策略，帮助你学会如何欣赏自己所具备的品质和技能。无论你的消极信念系统有多么牢固，只要你下定决心改变这一切，你就能够重建自我信念，并表现出更为积极和更具现实性的自我印象。

其次，偶尔缺乏自信完全是正常的。对于别人强加给你，亦或你强加给自己的各式各样的事件、想法、看法或者要求，偶尔感到不自信是再自然不过的反应。诚然，每个人都是独一无二的个体，且人们在处理不安全感的方式上也天差地别，但是，从情绪的高峰到低谷，从自负（表现为自信的过分膨胀）到自我怀疑（表现为自信被过分削弱），所有这些，人们却都可以感受到。随着生活的起起伏伏，你也将不可避免地陷入这种情绪的高低变化中，但从理论上讲，你在绝大部分时间内,仍将处于中间的某种情绪状态。然而，如果你已经在自我怀疑的边缘挣扎多年，而自信却渐行渐远，那么问题也会随即出现。

## 为什么选择这本书？

承认自己原本就是缺乏自信及低自尊的人，这非常容易，然而，这种做法却是十分可怕的。如果你认为自己不够聪明，不够幽默，没什么吸引力，也没有远大志向，或者哪方面都不够优秀，那么，这足以导致你做任何事都非常没有底气。不过我们相信，无论你只是偶尔缺乏安全感，还是时时刻刻都想隐藏自己，《驱散自卑的阴影》都一定会令你有所收获。

我们在许多方面已然跌入自信的黑洞，难以自拔，同时也渴望能有这样一本手边书，为我们带来一丝生活的勇气和内心的慰藉。不过，一旦你开始质疑自己，就很可能丢掉理性和判断力。而这本书则会向你阐明：你为何会产生这样的感觉，你的行为可能通过何种方式引发和维持情绪，你的消极思维为何这般令人讨厌，以及你为什么会表现出特定的生理反应。而后，书中也会教你一些方法，帮助你改变现状，使你的感觉好起来。

我们杜绝任何凭空的推测，而以简单有趣的方式，提出一些切实可行的有益建议。我们所推荐的方法是行之有效的，相信它们一定会令你焕然一新。

## 这本书如何起作用

这是一本助你增加自信及提升自尊的实用性手册。也就是说，你务必亲身尝试书中教你的技巧和策略，才能有所成效。而对此投入时间和精力也一定会令你的生活有所改变。

正如之前提到的，本书将以认知行为疗法贯穿始终，其具体内容我们将在第 2 章详细讲解。该疗法直接解决当前问题，是一种高效的聚焦于问题的疗法。在书中，你会学习到一系列简单而实用的技巧，令你能用不同的视角看待自己以及周围发生的事，你会对自身的能力更加自信，而这也正是你极度匮乏的。你所学技巧并无有效期，它们始终都能发挥作用，所以每当你发现自己在想“我不够好”或“这件事我完成不了”时，应用这些技巧都能助你“悬崖勒马”，转而以更现实的观点审视一切。

## 如何最有效地利用这本书

- 按照先后顺序依次阅读所有章节，因为你每阅读一章都必须依赖于上一章所讲的内容。
- 尝试应用所有策略，不要跳过任何一个（所有策略都会用Ⓢ符号进行标记）。我们向你推荐的策略绝不是未经实践检验的试验品，它们都非常有效。也许，其中某些策略会比另外一些更为适合你，但如果你能全部尝试一遍，一定对长期提升你的自信大有裨益。
- 练习。我们所推荐的一些策略对你来说可能完全是陌生的，或感觉操作起来十分困难，不过，只要你勤于练习，这些策略也不难掌握，并且会最终成为你的第二天性。你已经形成轻视自己的坏习惯，而要改掉它，则绝非一朝一夕之事。虽然其中某些策略会有立竿见影的效果，但另一些策略则可能需要更长时间才能找到诀窍。不过，不要气馁，只要肯坚持，你一定会看到成效。

- 为这本书专门准备一个新的笔记本。我们要求你随时做一些记录，或者画一些草图，这是整个过程中非常重要的一环。把想法落于纸上不但有助于增强记忆，也能使你立志改变的决心在意识层面得到更为“正式”的认可。同时，回顾这些记录，看看自己所取得的进步，也会对你产生极大的激励作用。

切莫让缺乏自信成为你人生旅程的绊脚石，令你轻易放弃或改变初衷。无论你过去曾经历过什么，也无论你被内心的不安全感折磨了多久，你都完全有能力提高自尊，并改善你对自己的感受。只要你捧起这本书，开始思考增强自信的问题，你就会感到自己已然变得强大！这是你迈出的一大步，由此启程，必将会收获更美妙的结果。

# 目　录

# 01 自信究竟是什么

不安全感和低自尊就像一对破坏力极强的双胞胎，在你头脑中肆虐，给你的人生带来数不尽的伤害。本章着重阐释了什么是不安全感和低自尊，并解释了为什么你可能早已蒙受其害。

## 如何定义自信与自尊

通常意义上讲，自信是一种安全感，一种情绪方面的感觉，它来自于你对自己的信心，而自尊则是一个更具涵盖性的术语，它包含了一切能建立信心的事物。自信由多个因素构成，而自尊则是其中最重要的一个。

自信对于生活的各个方面都必不可少。自信的人更容易达成目标，更可能去尝试新鲜事物，相信自己的决策力并拥有独立的人格。自信也能令你更好地管理压力，更妥善地处理情绪方面、身体方面以及实践中所遇到的问题。自信关乎你如何估量自己与人竞争取得成功的能力，所以，缺乏自信便会使人格外心虚，使一个人在某种程度上认为自己能力不足。

不过，请千万不要误解我们的意思，自信并不意味着一个人从未感到过紧张、焦虑或犹疑不决。焦虑和犹豫均为人类正常的情绪体验，每个人在一生中都会有这样的体验，哪怕那些狂妄自大的人，有时也会感受到压力。依据你所做的事情、面对的情况、年龄、经历、所处环境以及心情的不同，自信水平也会发生相应变化。然而，如果你是一个积极的人，自尊水平非常高，相信自己拥有应对困难的能力，那么，你就可能很少会有缺乏自信的体验。

不过，你要记住，自信并不等同于自大，它们完全是两码事。自大是一种优越感，是一种专横的傲慢，它一点也不现实，也对人毫无益处，而真正的自信则是一种基于自尊的内在力量。

## 是什么令我们充满自信？

- 自尊，它是一种自我尊重和对自己的信心，它构建在以下几点的基础上：

自我肯定：相信自己的观点和信念是正确合理的。

自我接纳：清楚地知道你是谁，你喜欢什么，不喜欢什么。

自我信念：相信自己能马到成功。

- 发自内心地感受到“真实”和舒适。
- 感到很放松。
- 有积极的生活态度和生活方式。
- 相信自己有能力应对困难、风险和不确定的局面。
- 无论是赞美或者批评都乐于接受，但不会因此而彻底改变对自己的评价。

当然，你完全可以装模作样或者炫耀自己，假装自己很自信。不过，除非你对这种伪装轻车熟路，否则这无异于向世人宣告你到底有多么心虚。没有人会在所有时间内都非常自信，同样，偶尔感到压力、焦虑或担忧也绝不算是弱点。

## 逞强的斯蒂文

斯蒂文刚刚接手一份新工作，任职某大型公司的区域销售经理。他负责带领一个30人的团队，而这着实令他感到力所不及。团队中许多同事都比他年长，经验也更加丰富。对此，他感到十分不安，而他认为最好的处理方式就是彻底掩饰这一切。于是，在就任的第一天，他大摇大摆地走进办公室，召集大家开了一个会。在会上，他做了自我介绍，开了几句玩笑，然后就解散了所有人，溜达着回到自己的办公室。斯蒂文很害怕他的下属们看穿他有些不知所措，所以他并未提出任何问题，也没有寻求任何帮助或指导。如果他不清楚某些事务的流程，就只能按照自己的方式来做。

斯蒂文认为这样做能显得自己很有能力，很有效率，也很健谈，但实际上，他的团队成员却认为他非常粗鲁、傲慢且目中无人。他们认为斯蒂文过于骄傲，所以不屑于向他们求教，而他们也不打算给予他任何帮助，很快事情变得越来越糟糕了。

如果你对自身应对能力有所担忧，它会变成一个自我实现的预言。如果你缺乏自信,担心自己能力不济，这些都会体现在你的行为举止上。你会采取一些无益的行动，而正是它们导致你最终失败。如果你的预期目标没有达成，也就印证了你最初对自己可能无法胜任工作的担忧，从而进一步导致自信水平的急剧下降。这恰恰正是斯蒂文身上发生的事。他十分害怕别人认为自己缺乏经验，于是试图掩饰这一切。这其实是一个恶性循环，只会适得其反。请看图 1.1 的示例。

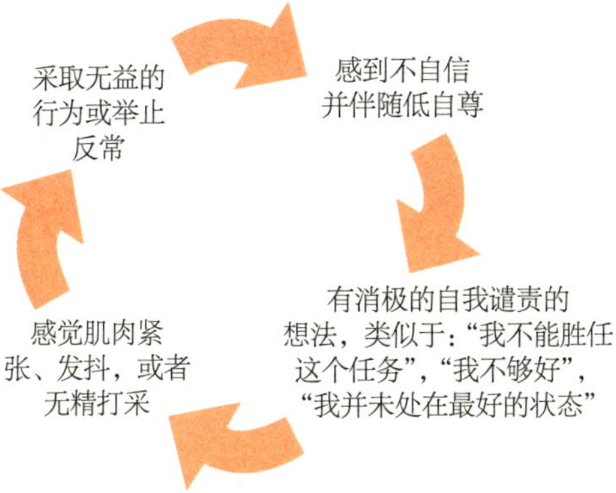


图 1.1　发生在斯蒂文身上的恶性循环

## 低自尊

低自尊会对自信造成极大的影响，我们用一个专用的缩写 LSE（Low Self-esteem）表示。低自尊源于你不相信自己能胜任工作，不相信自己的本能，不相信自己其实值得拥有这一切。你会想当然地认为事情无法完成，批评并责备自己，进而做出一些无益的行为（例如，逃避、拖延、暴饮暴食、防御心理，等等）。这只会加剧问题的严重性，进一步强化你的消极信念。类似事件、情形，甚至仅仅是这样的想法都会诱发低自尊。然而，只要低自尊的魔爪伸向你，它就会像病毒一样快速蔓延，使你生活中原本很好的那部分也受到感染。

## 什么会导致低自信和低自尊

缺乏自信或者低自尊的情况可能仅在特定情境下发生（如斯蒂文的例子），也可能会成为你的固有特征，影响到你生活的方方面面。如果你仅对特定事件或情境产生不安全感，通常情况下，你仍然会以积极的眼光看待自己。一旦特定事件得以解决，你的自信问题也随之消失。例如，当遇到必须限期完成的事情时，你会感到非常不自信，你不相信自己能够按时完成，于是便逃避做这件事。当然，最终你也许没有如期完工，但这并不是世界末日，因为有时也会被允许延期。随着事情的解决，你的自信水平又得以增长，而偶尔一次自尊水平的短暂下降也不会对你生活的其他方面产生任何影响。

然而，如果你长期处于低自信和低自尊的状态，它便会浸染你所有的思想、情感和言行。如此一来，诸如愚蠢、丑陋、无用的、不够好、没有价值、相貌平平、不惹人喜爱、失败者等这类想法，便会产生于困境中，甚至每时每刻都停留在头脑中。

这些信念会变得根深蒂固。你甚至将其视为确凿的事实，而不仅仅是你对自己的一种看法。你认为这些信念是构成你同一性及“你是谁”的根本特征，毫无疑问，这通常意味着你不怎么喜爱自己。

通常来说，人们变得不自信并且发展为低自尊，大多由植根于儿童期或青春期的消极体验所致，当然这种情况在其他阶段也有可能发生。甚至那些曾经非常自信、自尊水平很高的人，也会在遭遇压力事件（如厌恶自己的工作，与朋友分道扬镳，或身处一种破坏性的人际关系）后，改变对自己的看法，从而陷入低自尊和低自信的困扰。自信与自尊的摧毁，甚至可能由那种并不具消极意义的角色转换所引起，例如，为人父母，退休或者子女离巢。这类事件改变了你在世界中所处的位置，迫使你走出心理舒适区，从而引发你的同一性危机，而这也会对自信造成极大的影响。

## 梅根的同一性危机

梅根单身多年。当她身边越来越多的朋友都有了伴侣后，她开始感到十分焦虑，也想尽快安定下来。大家聚在一起时，她经常会成为那种“备受瞩目”的单身女性，被各色人等介绍给那些完全不合拍的男士。最后，她感到自己仿佛就是电视剧里经常描写的那类“黄金剩女”。

之后她遇到了菲力。菲力很风趣、吸引人且魅力非凡。她感觉自己已经找到了白马王子。他们的感情迅速升温，不到四个月，便开始同居。然而，接下来事情开始变得没那么美妙了。

梅根从未有过与人同居的经历，而菲力则与前女友同居过6年。她觉得自己还没有准备好扮演这一全新的角色。她不知道作为“同居女友”应该做些什么，应该如何去做，她也不知道是否还能像过去那样，只要自己乐意就随便凑合吃一份茄汁焗豆配吐司当晚餐。梅根还不太习惯考虑其他人的生活规律。当有些家务没有做时，她会感到有些失职，但又为必须尽义务而感到生气。其实菲力在这方面并不怎么介意，他是个很随和的人。

在这段关系中，梅根最初也感到很放松、很自信，但慢慢地却好像对菲力和自己都感到十分失望，而她却不明白自己为什么会变成现在这样。

## 先天还是后天

你如何看待自己，你认为自己有多重要，以及你认为自己在别人眼中有多重要，都会受到你过往经历的影响。在幼年，你只能通过自己看到的、听到的以及他人对你的评价来习得这一切。当你还是个孩子时，因为缺乏可供比较的依据，你尚不能像长大之后那样提出任何质疑，所以，对于别人说的话你总会当真。很遗憾，这恰恰是很多问题的源起。

假如在你成年以前，别人对你说你很没用，或者你从未因自己的成绩而得到过任何表扬和奖赏，那么在成年后，你就更有可能遭受低自尊的痛苦，而且会越来越严重，也更难转变。这是由于你从来都没有机会积极地看待自己（在成年后才发展为低自尊则不是这样）。如果你从来都没有机会建立自信，在面对困难时便无法依靠积极的自我信念系统来帮助自己。你会自然而然地认为自己不够好，不够吸引人，不够聪明等，因为你对自己从未有过其他看法。

不过，假如你在幼年得到了宠爱、赞赏和支持，长大后就更可能拥有正常的自尊和足够的自信。倘若你曾体验过自信、能干和被宠爱的感觉，你就会发现，越是面对艰难处境，这类情绪就越容易被唤醒。

以上，我们阐述了后天因素对自尊的影响，但是先天因素也同样起到了很重要的作用。遗传基因在一定程度上决定了你的气质，而气质则关系到你有多大可能成为一个自信的人或低自尊的人。如果你是一个外向型的人，你会甘愿冒险，乐于冲出心理舒适区，看看自己有多大能耐，能做些什么事。外向者通常都会有比较正常的自尊水平，也会表现出正常的自尊。反之，如果你是一个内向型的人，你则更可能选择退缩，静静地待在原地，维持现状的安全，这就意味着你将很难有机会验证自己的想法，或看到自己在挑战中获得成功。通常来说，内向者更容易发展为低自尊。当然，先天因素的影响也不是绝对的，无论你生来具备何种特质，该素质都会因后天教养而被削弱或者突出。

综上所述，在童年期形成的关于自信和自尊的观念很难被改变，因为它们早已成为你内在信念系统的一部分，并能决定你在成年后将如何解释这个世界，以及如何看待自己。

然而，如同上文所提到的那样，即使你曾经是一个非常自信的小孩，长大后也仍有可能遭遇低自尊和低自信的困扰。下面我们会列举出一些常见的自信杀手，它们能从根本上改变你对自己的看法。

## 常见的自信杀手

以下这些经验对你的影响程度，取决于你是否把它当回事，它们发生的频率以及持续的时间。它们在你成长过程中可能已经发生过，也可能马上会发生。

- 感到无法应对压力：假若你认定自己无法妥善处理当前事件或情况，会令你感到灰心、消沉以及孤单。这会逐渐削弱你的自信，并令你发展为低自尊。例如，被工作难倒，陷入一段虐待性的情感关系，与恋人分手，感到被朋友或家庭成员孤立，生活发生变化（例如，为人父母或被解雇），经济困难，感到前途未卜，经历创伤性事件或罹患疾病（你自己或者其他与你关系亲近的人）。

- 未能达到预期：这包含两种情况，一种是你没有达到他人对你的预期，另一种则是你没有达到自己对自己的预期。你的表现不好可能只有你自己心知肚明，也可能为大家所公认，别人也许会因此批评你、解雇你甚至嘲笑你。
- 持续不断的批评：能够接受建设性的批评意见，对于成为一个机能健全的成年人是必不可少的，但是，假如批评过于严重、毫无根据或持续不断，并且你从未因自己的成绩得到过任何表扬和认可，以平衡那些可怕的批评，这便可能摧毁你的自信和自尊。那么，究竟多少批评会对你产生影响呢？这将取决于批评你的人是谁（例如，你的老板、办公室的实习生、你的朋友、你的父母或者你的爱人），以及你如何评估他们的意见。
- 缺少积极反馈：任何人都没有公然厌恶你，但却明显地对你缺乏关注、表扬和鼓励，对你也不够热情，更不怎么花时间和你相处、建立感情。好像没有人对你有兴趣。当你还是个孩子时，你会将其归结为你做错了事，因而不配得到这些，哪怕在进入成年期后，这种情绪也会被一再触发。

- 被抛弃感：你觉得（或当你幼年时曾经觉得）自己无论在学校、家里、单位还是就一般情况而言，都像是一个奇怪的人。虽然你可能没有因“与众不同”的兴趣、能力或者人格遭受过任何非议，但当他人的品质得到表扬或赞美时，你还是会感到自己的“特点”被人否定了。一般来说，流行文化会对你判定自己是否“正常”起到决定性作用。尤其在关乎外貌、社会利益和声望这类事上，流行文化所起的作用就更大。
- 家庭问题：离婚、疾病或失业会对家庭的很多方面产生巨大的影响，例如，家庭成员间的沟通情况如何，以及家庭是否能给一个人带来熟悉和期待的安定感。同样，在家庭变故中你自身角色的重新定义，也会极大地影响到你如何看待自己，以及你认为他人将如何看待你。然而，你很可能会发现，你其实很难改变自己在家庭中长久以来

被赋予的特征（例如，败家子，聪明人，靠不住的人，等等）

- 你的社会地位：你的社会适应度极大地影响了你对自己的看法。社会阶层、财富、种族、政治观点以及宗教信仰都关系到我们如何看待自己和我们的家庭。如果有人不知何故认定你或你的观点“不可接受”，那么，这种遭受敌意和歧视的经历将会显著地影响你对自我价值的判断。
- 虐待（包括肉体上的虐待、情绪上的虐待以及性虐待）：如果你幼年时曾遭受过虐待，经常被责罚、忽视或亏待，那么这种经历无疑会给你留下精神创伤。小孩经常会认为，他们之所以受到虐待，完全是他们自己的责任，在某种程度上来说，正是因为自己犯了错才会遭遇这一切，而这种想法可能会对自尊的发展造成持续的潜在危害。即便虐待仅在成年后发生，也会带来同样的伤害，就像那个引发自责的怪圈会一直存在一样。你可能会认为，作为一个成年人，你应该有能力为此做一些事情，或者这完全是由于你做出了某种选择，才不得不和虐待你的人生活在一起。这种想法是不对的。无论你在哪个阶段遭受了虐待，都不是你的错，这种事本不该发生在你身上，你不应为此负任何责任。

## 低自信和低自尊产生的影响

低自信和低自尊会令你在某种程度上感到自己不太够格或有所欠缺，这种想法绝对是一个巨大的灾难。同时，你的感觉和想法也必将会对你的行为产生影响。下面列举了一些当人们存在不安全感时产生的典型行为反应：

- 变得内向或外向：如果你感到自我怀疑并且对于批评或反对过于敏感，那么你有两种可能的变化，要么完全回避社交，要么反而刻意去寻求社交，变成一个喜欢取悦他人的人。
- 成为一个工作狂或者变得厌恶工作：如果你害怕

失败或者感觉自己实力不济，那么你要么开始无休止的工作，以证明自己的能力；要么完全回避工作，这样的话，一旦你失败了，你也可以借口说其实是因为自己没有努力。

- 忽视赞美和表扬：你将只关注那些负面的信息，逐步削弱自身的能力和所发挥的作用，忽视任何能证明你实际做得很好的信息。
- 回避和拖延：你会回避或者拖延，以避免面对可能被评价以及引发矛盾的事情（例如开始某项工作，或者结束一段糟糕的恋情）。你也不会去尝试新事物，以避免与他人发生争执（哪怕这可能是完全正常的）。
- 对自己不负责任：认定自己缺乏价值，认为关注自己的外表和身体健康也没有什么意义。你可能会贪食或厌食，停止锻炼，用酒精或药物来麻醉自己，或者忽视个人卫生。又或者，你可能走向完全相反的方向，运动过量，耗费大量时间打扮自己，以为这样会令自己变得更有吸引力。

自信是可以习得的，所以，无论你面对的不安全感从何而来，它都不会主宰你的人生。

## 如何走出精神创伤的阴影

无论是童年期还是成年期的精神创伤都可以被治愈。向精神创伤或虐待方面的专家寻求专业意见能够帮助你走出创伤的阴影。你可以去找你的家庭医生，如果你有兴趣寻求更进一步的帮助，他会为你引荐相关的专家。

## 温馨提示

- √ 通过改变自己的想法、感受和行为就可以终止低自尊的怪圈。
- √ 无论你的低自信和低自尊源于童年期还是成年期，这都没有关系，这本书会教你用积极的方法来处理这些问题。
- √ 偶尔缺乏安全感是完全正常的，你需要学习的仅仅是如何确定，它们只是“偶尔”发生。

# 02 认知行为疗法与自信

认知行为疗法（CBT）对处理自信和低自尊的问题非常有效。本章主要阐述认知行为疗法是什么，以及它如何为你提供帮助。

## 什么是认知行为疗法

认知行为疗法听起来好像是那种需要头戴锡纸帽之后再通电治疗的方法，但是谢天谢地，实际的操作与此相去甚远。认知行为疗法是一种聚焦问题的新型疗法，它的适应症非常广泛，包括抑郁症、焦虑症、失眠，当然也包括低自尊。这种疗法在 20 世纪 60 年代由艾伦·贝克博士最先采用，后来得到英国国家临床规范研究院（NICE）的大力推荐。该疗法教你运用一些切实可行的策略来处理生活中发生的事，并管理好自己的情绪，从而重新掌控自己的感受、想法和行为。

认知行为疗法已被证明能够提高自尊，且对于焦虑症和抑郁症（这两者都是激发和维持低自尊的重要因素）的治疗有良好的效果。

## 爱玛的尴尬

爱玛在一家饭店认出了一位老朋友汤姆。她很惊喜，并高兴地上前打招呼，对方却回应："嗯，嗨？"很显然，汤姆并没认出她是谁。爱玛非但没有做自我介绍，反而变得口吃和语无伦次起来，她很快就转身离开，感觉受到了侮辱。她脑子里生出了这样一个念头："难道我就那么不容易让人记住？"这念头产生了多米诺效应，导致她的身体开始紧张，心跳也开始加速。回到座位上，她一言不发地坐着，整晚都心神不宁。爱玛觉得这件事太过尴尬，所以也不愿向同伴解释发生的一切。

认知行为疗法的基本假设在于，我们对自己持有的看法将会影响我们的情绪、行为及生理反应。并且，我们如何看待自己取决于我们对情境的解读，例如，对我们造成影响的并不是事件本身，而是我们如何去评估它。

爱玛对这件事的负面解读令她感到十分生气，并产生了不安全感。这同时导致了她的行为出现反常（晚饭中始终一言不发）。而后她又为破坏了聚会的气氛而担心和自责，毫无疑问，这也更加剧了她的低自尊。

在爱玛身上发生的事可以很好地利用下面我们所谓的“认知地图”来进行解释：

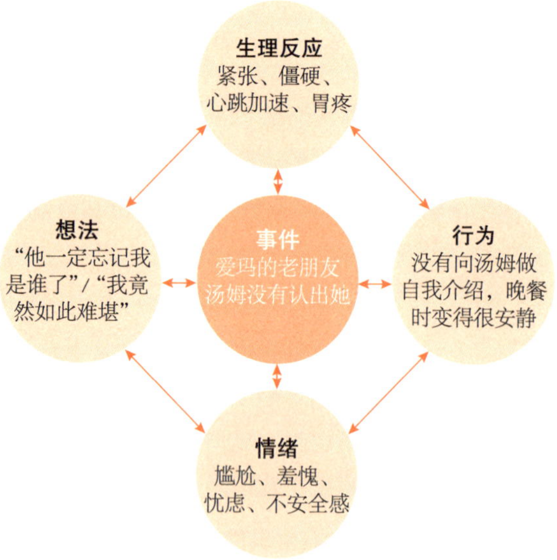


图 2.1　爱玛的认知地图

倘若爱玛更自信一点，并且自尊水平正常的话，她无疑可能会对整件事有不同的解释。他们上次见面已经是 5 年前了，也许是因为她换了新发型汤姆才没有认出她，如果以更切合实际的角度来考虑这件事（汤姆有任何理由要故意表现出无礼吗？或者更有可能他仅仅是有点措手不及呢），她也许可以做个自我介绍，提醒汤姆他们过去曾相识。毫无疑问，他会记起爱玛，并与她闲谈一会。这也许会令她在情绪等方面都有更好的感觉，回到座位时也更加舒服一些。

你的行为、思维以及生理反应都可以作为一个干预点，只要你改变其一，即会引发其他因素的连锁反应，包括你的心境。举例来说，假如爱玛改变她的行为，她没有在晚饭过程中一言不发，而是把刚才发生的事讲给她的朋友听，他们可能会哈哈一笑，爱玛就不会感到那么不舒服，从而她的想法也会更加积极。认知行为疗法会告诉你，这些因素之间存在着怎样的内在联系，这样你便可以选择自己期望的感受、行为以及想法。

## 如何运用认知行为疗法解释低自尊

你之所以情绪低落或产生不安全感，归根结底是因为你只关注到那些引发你消极情绪的信息。例如，设想你提交了一份工作报告，但是你对这份报告并不是很有把握。你写得非常认真，但仍不太确定是否完整阐明了自己的观点。在看过报告的五个人中，有四个人都对报告大加赞许，只有一个人例外。他认为你在某些观点的阐述上，应该可以做得更好。这唯一的一个负面反馈给你造成了思想负担，令你把其余四个更正面的信息全部忽略了。

为了管理日常获取的大量信息，你的大脑会对其进行筛选，通常它会主动搜寻那些能够证实你自身信念的信息，准许其进入到你的意识。你没有足够的时间和空间去梳理所有事件的细节，所以，大脑就会开启一种自动化的模式，例如，当你刚开始学习驾驶时，你看到红灯后，会先看一下反光镜，然后才开始刹车。你会在头脑中重复那些减速的步骤。

然而，一旦有过几年驾车经验，你再看到红灯就会马上停车。整个信息加工会变成一个完全自动化的过程。

正是这种过滤信息的工作方式才使我们得以应对如此快节奏的生活。不过，非常不幸的是，消极思维的加工过程也会变得自动化。如果你的自信出现问题，也就意味着你的大脑已经调整了状态，它会自动关注那些不良信息，以匹配你对自己的消极观念。

## 当加工过程出现问题时

当你头脑中的偏见是由低自尊造成的，这会使你的自信维持在较低的水平。你担忧事情变得糟糕或者对你产生恶劣的影响，这样你便能主动通过你的思想和行为，为它们提供证据。在你感到紧张或对自己没有把握的情况下，你的消极信念就会开始工作，你会变得只关注那些能够证实消极信念的信息（例如“他们都在嘲笑我”，“他们认为我不够好”）。

你已经变成一个怪物，专门给自己挑刺，你会反复甄别那些被觉察到的小瑕疵和小缺点，将任何可证明自己的部分都过滤掉，直至你再也无法找出自己的任何优点。你将错误和弱点当作自己缺乏竞争力的佐证，实际上任何人都会有错误和弱点，均可以通过学习而得以改进。

你可以想象一下那种专供宝宝认识形状用的玩具，圆柱体的积木只能放进圆形的孔中，而方块积木则只能放进方形的孔中。如果你是低自尊的人，你的大脑就会调整到类似分类玩具一样的模式，只有大小、形状都完全符合标准的积极信息才能通过，最终被你接收。然而，一旦遇上消极信息，你的大脑就会抛弃这个形状分类装置，敞开怀抱把它们悉数纳入进来。

## 负性偏差如何对你产生影响

正如前面爱玛的认知地图所示，正是你对事件的解释令你产生了相应的想法，引发了情绪和生理上的反应，并最终导致了你的行为。如果你过于严格律己和自我怀疑，便会促使你的行为朝加重这些情绪的方向发展。你也更有可能回避一个持续时间较长的任务，或者在遇到困难时放弃它们。这些行为会导致或维持你的消极情绪，诸如，焦虑、情绪低落、挫败感、羞愧和内疚。同样地，焦虑和恐惧也会诱发你本能的或战或逃反射，会伴有身体紧张、心跳加速、呼吸频率增加、血液流向四肢等生理变化。如果你深陷动物园的狮虎山，这种生理反应就会非常强烈，但如果你只是去拜见公婆（或岳父母），反应就不会那么强烈。

## S 症状清单

下面我们列出了一些由低自信及低自尊诱发的思维、行为、情绪及生理反应方面的常见症状。请在符合你自身情况的症状前画勾。当你开始思考低自尊如何对你造成了影响，你就会理解这些反应之间的关系是怎样建立的，以及它们怎样导致了你的问题。

## 思维

- ☐ 自我怀疑：质疑你做出的选择以及日后做选择的能力
- ☐ 自我批判：严厉地责备自己所犯的错误，并总是关注自己的失败经历。例如："因为我不够好，所以受到惩罚是应该的。"
- ☐ 假如事情出现纰漏，哪怕不是你的责任，你也会为此责备自己
- ☐ 总是关注你眼中的缺点和瑕疵
- ☐ 认为所有积极的事情都不值一提，例如"这些不算什么，因为……"
- ☐ 总是朝最坏的方面想，例如"这不可能实现"或者"我无法承受后果"
- ☐ 总是和别人比较，并且觉得不如别人

## 行为

- □ 开玩笑自嘲
- □ 自我贬低（并非以开玩笑的口吻）
- □ 为赞美找借口。例如“这都是运气”“这不是什么大事”“任何人都能做到”
- □ 很难勇敢地表达并坚持自己的观点和主张
- □ 过度自谦
- □ 逃避挑战和新机遇
- □ 攻击性
- □ 完美主义者
- □ 对反对或批评反应过激
- □ 不称赞他人
- □ 羞怯和不自然
- □ 回避社交
- □ 改变说话方式，例如说话声音更轻、更快，笨嘴拙舌或改变声调

## 情绪

- ☐ 悲伤
- ☐ 抑郁
- ☐ 内疚
- ☐ 羞愧
- ☐ 焦虑
- ☐ 尴尬
- ☐ 挫败感
- ☐ 怀疑 / 迟疑
- ☐ 气愤

## 生理反应

- ☐ 肌肉紧张
- ☐ 心烦意乱
- ☐ 疲倦
- ☐ 坐立不安
- ☐ 无精打采
- ☐ 不良姿态（如弯腰驼背）
- ☐ 心率加快
- ☐ 防御姿态（如交叉双臂）
- ☐ 意志消沉

## 弗雷德的恐惧

弗雷德感觉自己就像一个骗子。他总是表现得非常快活、风趣且魅力非凡，不仅如此，他也总能非常直率地表达自己的观点，并非常坚持自己的主张。他的朋友总是说："你对自己很有把握。"对此他总是笑笑，但内心却恐慌得要命。实际上，他认为这一切仅仅是他做给别人看的。他的内心充满了不安全感。在表达观点时，他只是看起来好像很有自信，因为他的语气非常坚定，这是他从父亲那里学到的小把戏。而实际上，他很怕遭到挑战，担心无法证明自己的观点。

弗雷德相信每个人都被他的外表蒙蔽了，而他也随时都有暴露的危险。他不能让自己表现出任何不安全感，否则，他精心炮制的假象就会随之幻灭。他一直感觉自己像是一个走钢丝的人。他总在想，如果人们喜欢这个样子的他，难道不足以说明，那个"真实"的、对自己充满怀疑的他，其实不够优秀吗？

弗雷德的恐惧毫无根据。首先，他的演技究竟能有多高超呢？如果他能表演出很自信、很风趣的样子，并且这一切完全在他的掌控之下，这只能说明他自身确实如此。一个人不可能在所有时间内都把自己伪装成很有魅力的样子！同时，他需要记住，每个人都会存在不安全感，在需要时寻求帮助并不意味着软弱，相反，这样做很勇敢。人们甚至可能认为，弗雷德似乎从未有过像他们那样的担心，实在是很奇怪的一件事。

弗雷德的认知地图可能会是这样的：

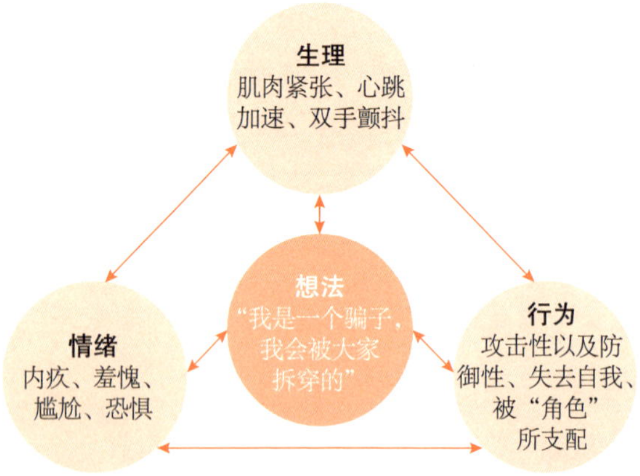


图 2.2　费雷德的认知地图

## Ⓢ 你自己的认知地图

你可以聚焦于一件近期令你在某种程度上体验到不安全感的事件，然后填写一份属于自己的认知地图。也许你感到自己看起来不够好，感到某些事情做得还不够圆满，令自己感到尴尬，或者在要紧事上没有发表自己的意见。请把它写下来，并设法回忆一下，这件事引发了你怎样的情绪和生理变化，它让你想到什么，你为此做了什么或者打算做什么。你可以回顾一下之前勾选过的症状清单，慢慢挖掘自己的记忆，如果有必要，也可以运用爱玛和弗雷德的例子作为指导。

深入思考一个具体事件将有助于你理解，低自信和低自尊究竟以何种方式对你个人产生影响。你可能会认为，类似于“因为我不够优秀，所以我的老板总是批评我”的想法是证据确凿的事实，且这一事实是对当时情况的完美概括，它不会对自我价值感造成任何持续性的影响，但是，你可能错了，而且是大错特错。这样的想法令你感到情绪低落，并且令你要么提不起精神，要么被彻底激怒，还会进一步影响你的行为。

请将认知地图中最容易填写的部分记录下来。也许，你对低自尊的体验恰好是生理上的，比如，你总感觉胃里像堵了块石头。也许，你因为忽略了一个人而遭到指责，这种行为使你感到内疚和尴尬，从而引发了消极思维。无论是什么，能让你最先想起的内容就是你的起始点，由此展开，你便能很快填写一张完整的认知地图了。

在填写认知地图的过程中，你完成得越好，后续就越有可能掌握更多方法，来改变自己，让自己变得更加自信。在书中，我们将会陆续介绍一些策略来帮助你改变现状。事实上，以弗雷德的认知地图为例，我们已经给你提供了一些建议。当你有这样的感觉时，你也应该这样问问自己，把这些话说给自己听。

**想法：**如果你真的是一个骗子，那也绝对是一个非常优秀的骗子，否则，你怎么可能让这个“假象”维持了这么久。风趣和魅力是伪装不出来的。什么叫“被拆穿”？如果你将其定义为显示出一些不安全感的话，这实在太荒谬了。每个人都会在某些时候体验到不安全感，即使那些通常都很积极而自信的人亦会如此。没有人会因为你表现出一些自我怀疑就觉得你有任何不好，事实上，他们很可能非常期待你的求助。

**生理反应：**为了应对内心的恐惧，你的身体会做出一系列反应，并把自己调整到某种应激状态以面对当前处境。无论你只是受到威胁，还是真正处于危险之中，你的身体都会产生相同的生理和情绪变化（例如，撤退、变得具有攻击性、坐立不安或者内向）。如果你能采取一个中性的、冷静的方式，你的思维、情绪和生理反应就能得到控制。

**行为：**变得防御和具有攻击性只能显示出你的不安

全感，令你看起来对自己毫无信心，且不愿意接受他人的意见。在遇到挑战时，绝不轻言放弃，这很重要。只有这样，你才能有所收获、得到提高，并使自己确信，你其实可以做得到。而这也会使你的自信心得以增强。

以上任意一项都会引发连锁反应，使你的心情变得愉悦。如果弗雷德能够采纳这些建议，新的认知地图有可能像下面这样：

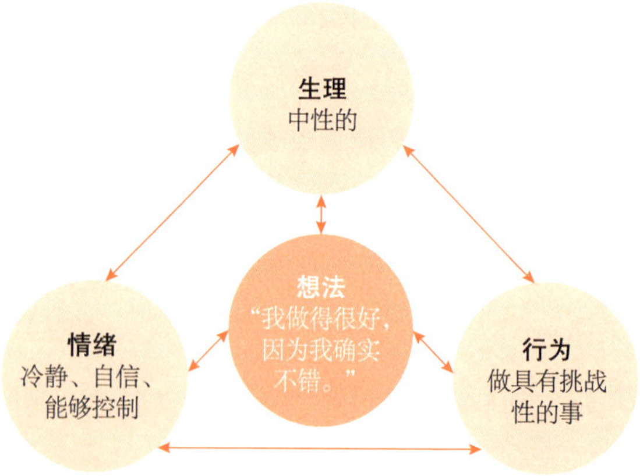


图 2.3　弗雷德改变想法之后的认知地图

## Ⓢ 想法并非客观事实

这是认知行为疗法的关键点，也是你无论在哪儿，无论在干什么，都必须牢牢记住的伟大哲思。

当你在思考“这件事我做不了”“我是个失败者”“我不够好”时，你会很轻易认为这些想法都是真的，并对此感到很糟糕。请记住，这些仅仅是你的想法，而绝不是事实。你的大脑对自己存有偏见，因此产生了这样的观点，做出了如是评价，但它们却并非现实的客观反映。

我们想要你更敏锐地觉察到这类思维，这样你就能挑战并进而改变它们。举例来说，把“我是个失败者”替换为“我认为我是个失败者”，这两者之间有本质的区别，后者会鼓励你，在缺乏证据的情况下，你应该拒绝承认这类想法。好的，如果你认为自己已经失败，或者即将失败，那么就向自己提出下列问题：

- 你具备哪些能使自己取得成功的能力和技能?
- 你以什么标准来定义成功和失败?
- 过去你曾经做成过哪些与之类似的事?
- 你有什么证据能支持和反对这个想法?

接下来，一旦你意识到自己又被这种伪装成事实的想法所蒙蔽，那么就试着让自己去质疑这些想法。可以想象，当你意识到你竟然经常用这些毫无意义的废话来贬低自己时，你会感到多么惊讶。你应该鼓励自己这样想:“事实上，我觉得自己做得相当好”或者“甲、乙、丙看起来都很喜欢它，也许它还不算太坏”。

## 下一步……

认知行为疗法将帮助你:

- 通过对事件更公平的解释，形成对自己更具现实性的觉知。

- 修正你的思维，以减少自我怀疑，并质疑消极想法的有效性。
- 不再因那些感知到的失败而惩罚自己。
- 对你的能力、优势和技能抱有信心。
- 鼓励自己去尝试那些因为感到“太难”，而拖延或者放弃的事情。
- 增强自己的自我价值感和自我信念。
- 设立短期和长期目标并设法达成。

## 温馨提示

√ 你能感觉到多少自信，取决你对事件的解释。更为实际地看待问题会提升你的自尊。

√ 你的思维、行为、生理反应及情绪是相互关联的——如果改善其中之一，则其他部分也会相应好转。

√ 对自己公平一点。警惕自己是不是有一种只关注消极面的倾向。同时，开始寻找积极的方面。

# 03 我思，故我是

每个人的意识中都隐隐有一个声音，这个声音告诉他们自己究竟是什么样的人。如果你的那个声音总在说，你其实一文不值，那么，你应该让它闭嘴，重新在头脑中着手树立一个对自己更有益且更符合现实的观念。

## 你内心的法官和陪审团

每个人心里都住着一个小小的法官，他会时不时向你灌输一些所谓的“智慧”。不过，当你缺乏安全感时，他却不会鼓励你，也不会大声对你说“你做得真棒”，相反，他更可能责备你，甚至贬低你。在他口中，没有一丝一毫有帮助或者激励人心的话语，相反，你会时常听到这样一些声音：“你从来都做不好”，或者“你不够优秀”。这样的想法对你的情绪、行为和生理反应无疑都会产生极大的影响。

当你脑海中充斥着这些被歪曲的观念（这种情况通常发生在你自尊水平较低时），你便会为每一个（自以为的）失误感到自责不已，进而判定自己没能达到心中那个严格的法官所提出的要求，没有拼尽全力呈现出令人瞩目的完美表现。

这位法官非常令人信服，因为他从来都很关注并且似乎完全能够证实那些你长期以来对自己抱有的看法。举例来说，如果你总感觉自己身材臃肿、相貌平平，你内心的法官就会全情投入地对此展开调查，在你感觉糟糕时，它会跳出来讲事实摆道理，循循善诱，直至你完全丧失判断力。类似的想法会逐步瓦解你的自尊，直到你感觉自己再也无力反驳。

眼中只有自己的缺点，与实事求是地对它们进行评估，是截然不同的两个概念。如果你在完成某项任务时，有 99% 都做得很出色，只有 1% 出现失误，而你仍要将全部时间都耗费在琢磨这个失误上，尽管它所占的比重极其微小。这种做法是相当可笑的。我们应该退一步，从这一情境中抽离出来，让自己放眼全局，而不是只盯着那些有疏漏的地方。公平来讲，你应当用 99% 的精力去关注那些表现优异的部分，而只用剩余的 1% 来关注疏漏之处。人们往往从表扬和鼓励中学到更多，当然，你也不应全盘忽视你所犯的错误，不过，只要给予相应比例的关注即可。

我们内心的法官会倒出许许多多的想法，而这些想法则被称作消极自动思维，或 NATs。这些思维具有极其可怕的破坏力。它们在你头脑中飞驰而过，快到你甚至来不及注意。

## 消极自动思维

消极自动思维是我们在第 2 章中所提及的，那种伪装成事实的思维、观念或想法，类似于“我不够聪明”，以及“我应付不了”，它们是“自动”涌现的，不请自来，在你头脑中一闪而过，速度之快甚至令人来不及意识到。它们消失和出现的速度堪比袋獾，给人们带来难以言喻的伤害。你之所以对自己抱有消极错误的观念，正是由于这些自动思维在作祟。它们歪曲信息，使之与你的恐惧和自我怀疑相匹配，从而产生了偏见。

消极思维会给我们带来很多困扰，因为它们看起来似乎颇有道理（例如，也许你正疲于应付一些事情），实则非常不合理也不切实际（你总有办法解决这些事）。如果你能在消极自动思维消失前捕捉到它，并对它进行剖析，你就会发现，这些想法完全是荒唐至极的。然而，由于你对自己的轻视（例如，“当然，我应付不了的，我那么软弱又愚蠢。”），对于当时的你来说，它们的出现看起来可能颇为合理。它们会令你在精神和肉体上都饱受折磨，并导致你采取一些毫无意义的行为（例如，回避问题，甚至隐瞒问题。）

消极自动思维的典型（但通常是无意识的）反应包括：

- 对成功或失败抱有极端的看法，非对即错，非此即彼，要求十全十美，没有中间地带，哪怕是“还不错”也意味着不够优秀。
- 总是变换评价标准，因此你永远不可能满足自己不理性的期望。

- 忽略或低估成功，却固着于失败。“是的，我根本不该得到这个奖，这只是侥幸。因为那个应该得奖的人离开公司了。”
- 易受暗示：听到一些对于他人的批评时，你总会把它套在自己身上，因此，如果你的一个朋友对你说，她的婆婆总对她的育儿技巧颇多微词，你就开始质疑自己的育儿技巧。
- 你的思维中总充斥着一些带有偏见性的字眼，例如“应该”或者“不应该”。比如，“我应该把他叫出来喝一杯”，或者“我不应把他叫出来喝酒”。而这通常暗示你的决策能力出现了问题。相对来说，积极向上的人则喜欢用更为中性的“可以”或“将会”，比如，“我下次可以叫上他”，或者“我下次不会叫他”。
- 以偏概全。你会仅凭特定事件就对自己做出总体性的概括。举例来说，如果你没有找到工作，那是因为“我永远都不会得到工作”，“我真没用”，“我永远都学不会”，那么，“一切都毁了”。

- 你会将他人对你的赞美改头换面，以适应你的消极观念。举例来说，如果某人说，你已经做得很好了，你就会琢磨，这是否意味着你在其他时候不够优秀。

在你的字典里根本没有“一般”这个词。你的表现要么很拙劣，要么很糟糕。你甚至从来没有表现得“还可以”，或者“很好”——这简直就是天方夜谭。（插播一条重要消息：“完美”是根本不存在的。没错，即使是隔壁那个拥有超凡运动能力的人，哪怕他的妻子、孩子和工作都很不错，他也不可能是完美的。他可能欠了别人一屁股债并且有外遇。）你丝毫不会对自己施以同情、鼓励或者赞美，并以此来支援自己。你的这种做法其实是一个恶性循环，因为你会显得毫无把握、犹豫不决，或者干脆采取一些无益的方式，而这恰好会导致你所担心的后果，从而再次激发你产生这样的想法：“又是这样”，“不出所料！我果然是这样的”。

## 消极自动思维的认知地图

消极自动思维对情绪、生理反应，以及行为所产生的影响如下图所示：

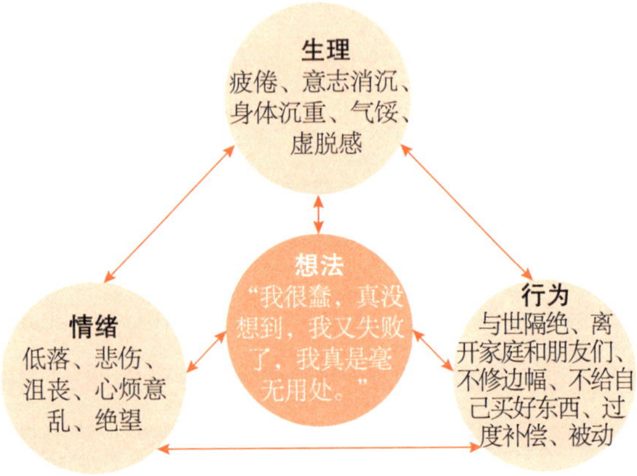


图 3.1　消极自动思维的影响

### Ⓢ 识别消极自动思维

我们只有觉察到这些消极自动思维，才能真正厘清它们所带来的伤害，觉察到消极自动思维也将有助于你对情境做出更为准确的解读。

我们期望有一天你能够发现尽可能多的消极自动思维，并把它们逐一记录下来。每次当你意识到自己又在质疑或苛责自己时，记下你头脑中闪过的念头（思维）。同时，记下这个念头使你产生了什么样的情绪和生理反应，令你做了什么或者打算做什么。诚然，你可能会捕捉到许多这样的念头，然而逐一制作单独的认知地图显然比较繁琐，为此我们特制了一个记录单，照此填写即可。下面我们列出了几个例子可供参考。

| 消极自动思维 | 情绪 | 生理反应 | 行为 |
| --- | --- | --- | --- |
| “我永远都不会找到工作” | 逆来顺受 | 无精打采、疲倦 | 逃避做面试准备 |
| “克莱尔比我时髦得多” | 尴尬、挫败感 | 肌肉紧张、耸肩弓背 | 故意穿上毫无特色的衣服 |
| “我不能离开他，因为没有其他人肯和我在一起” | 痛苦、生气、害怕 | 持续头疼、胃痉挛 | 贪食或厌食、回避社交 |

当你完成这个记录单时，请回顾一下你所有的消极自动思维。它们之间是否有共通点（例如，都与职

业相关、都与人际关系相关，或者都与你的外表相关）？亦或涉及面比较宽泛？可能这是你第一次真正有意识地面对这些自动思维，所以，当你看到它们跃然于纸上，也许会感到十分震惊。或许你从未意识到，内心有如此多的不安全感，竟都集中于工作或者人际关系领域；或许你也从未意识到，你对自己竟然总是这么刻薄。意识到这一切会为你战胜消极自动思维提供一些思路——你已确信自己可能在某些特定的领域中更容易产生消极思维，因此，今后你对它们会愈加谨慎小心，不会轻易接受或受其影响。

## 自我批判的利弊

长久以来，你可能一直以为，只有对自己狠、对自己严，你才可能努力奋斗。然而实际情况却恰恰相反，当你学会褒奖自己所取得的成绩和付出的努力时，你的积极性也许会更高。如果你在一个运动队中参加训练，你更愿意选择下述哪种类型的教练呢？

第一种类型的教练只会大喊大叫满口恶言，从不表扬队员取得的进步；而第二种类型的教练则会说一些鼓励性的话，例如，“……还不够好，但你一定能做得更好”，还有“做得不错，你已经进步很多了”。你甚至可以想象出两人的样子：一个是暴怒的、脸红脖子粗，似乎随时准备冲着墙壁挥上一拳，而另一个则令人快活、冷静并热情。我想我们更愿意选择后者。

## S 你内在法官的利弊

如果你心中的法官是一个自以为是且讨人厌的恶霸，那么它对你而言会有哪些益处和害处？请你在下面的表格中列出。你可以随意在示例中添加其他内容。

| 有利的一面 | 不利的一面 |
| --- | --- |
| 一点也没有 | 令我感到情绪低落，感觉自己不够好<br>令我害怕尝试新事物<br>令我总想会失败 |

如果你心中的法官既公正又充满理性，它对你又会有哪些好处或坏处？下面，请你再填写一个表格。

| 有利的一面 | 不利的一面（消失） |
| --- | --- |
| 我感到很有动力<br>我得到鼓励去尝试新事物<br>我不必总为自己道歉<br>我感觉自己能应对压力环境 | 我再也不会自责了<br>我不能逃避挑战<br>我不能自我折磨 |

表格中最后所列出的三项内容（以及整个练习）足以向你证明，你的信念及行动对维持消极思维起到了一定的作用，但是，当你能更公正地思考面对失败的恐惧时，它们便销声匿迹了。自责、逃避挑战、自我折磨等等也便不复存在。

## 挑战消极自动思维

既然你已经能够比较容易地识别消极自动思维，也更加清楚哪些信念和行为能够对它们产生影响，那么应该说，你现在已经做好准备，可以对它们进行挑战了。在下个星期，只要你发现自己又体验到不安全感、悲伤、焦虑、绝望或者内疚，就马上再填写另外一份表格。情绪变化往往是消极自动思维活动的晴雨表。记下诱发消极自动思维的事件，随后评估你在多大程度上相信它们是真实的（0~100，0代表一点都不相信，100代表完全相信）。你有怎样的感觉，而你又打算怎样做？

接下来，将是非常关键的一步。写出你打算如何挑战消极自动思维。它究竟是事实，亦或仅仅是一个想法？对于这一情境你还有其他看法吗？如果你正设法反驳这一消极自动思维，你可以问问自己，如果你的朋友正处在你现在的位置，你会怎么对他说呢？

## S 列出你对消极自动思维的挑战

我们已经举了一些例子，列在下面这个消极自动思维记录单中，以帮助你尽快入门：

| | | |
|---|---|---|
| **情境** | 不明白人们在谈论什么 | 在某个社交活动中感觉自己不够漂亮 |
| **自我批判思维** | “你真是个白痴。你不能去问他们，因为这会使你显得很愚蠢。” | “你又变胖了，而且看上去很憔悴。每个人都看出来了。” |
| **当时你相信的程度（0~100）** | 80 | 100 |
| **情绪** | 悲伤、尴尬、羞愧 | 生气、挫败感 |
| **行为** | 安静地待在那里，一言不发以免暴露自己什么都没听懂。 | 穿肥大宽松的衣服，用手挡住脸，不断拿出镜子来看看自己气色如何。 |
| **对于自我批判思维的挑战** | 我中途才加入他们的谈话，我只是不知道他们在谈论什么，这并不能说明我很愚蠢。 | 没错，我是长胖了，但是有很多和我身材相似的人看上去都很不错。买适合并能衬托我身形的衣服会让我感觉更自信。 |
| **现在你相信的程度** | 50 | 70 |
| **有哪些更适合的观点** | 如果我刚加入进来就能立刻领会他们谈话的内容，那也太不寻常了。我可以听一会儿，就能从他们说的话中猜出大概。 | 无论我身材如何，都可以让自己看起来很好，没有人会像我一样那么在意我自己。 |

经过几周的练习，你已经更善于发现和处理消极自动思维，你会发觉填写这份表格变得更加容易。这就是所谓的熟能生巧。你发现的消极自动思维越多，找到的证据越多，它们就越孱弱，对你造成的影响也越小。你所做的一切，能令你心中那个法官不再发表无稽之谈。你不会让它们再来干扰你的生活。

下一周你也必须一如既往地坚持使用这个消极自动思维记录单（再下一周以及下下周）。你挑战内在法官的决心越大，它就越会闭嘴。让自己尽量与那个情境和消极自动思维隔离开，你自然就会生成一些更积极和更现实的观念来替代原有观念。

## 对自己抱有同情心

你的同情心似乎对自己完全不起作用。你做梦都没想过，对其他人说话会像你对自己那样严苛。如果其他人感到情绪低落，你会认为这没什么不妥，无论他们遇到什么困难，你都会帮他们找出解决之道。

那为什么你对别人那么友善，对自己却那么苛刻呢？为什么对别人用一套标准，而对自己却要用另一套标准呢？这听起来似乎有些矫情，但你的确应该换一副更有同情心的面孔来对待自己。

## Ⓢ 博得同情

应用这一策略可以让你内心的法官不再废话连篇，如同你真正关心并信任自己（因为你总是恐吓和怀疑自己）一样，学会用一种更热情、更有益的方式与自己对话。跟随下列步骤，快速记下你的答案：

想想那些热情、公正、智慧和强壮的人。他们不会动辄指责别人，但他们的观点也十分令你信服。他们可能是你认识的人（例如，某个亲戚、某个朋友或同事）或者只是某些你欣赏的人。

- 罗列出他们所拥有的积极品质。他们是不是很发奋图强？是不是很善于协调、善于聆听？是不是很友善、很风趣？

- 他们说话的方式如何？（对我们很有耐心，这是个关键）他们的语速是快还是慢？他们的声调是高还是低？他们通常很聒噪还是很安静？
- 如果你对他们讲起你的那些消极自动思维，你能想象他们会对你说些什么吗？他们会如何使你安心呢？会如何指出你具备哪些优秀品质？又或者给你一些鼓励？

你记录的这些内容，为你构建全新的内部声音打下了良好的基础。当你再次遇到那些通常会引发自我批判的情境时，停下来，花一点时间，有意识地选择你上面所描述的方式（细致到甚至要想象出说话的声调和语气）对自己说话。这样，你就不会再听到令人痛苦的尖锐批评，而只会听到富于同情心的、令人振奋的激励。你会发觉更易掌控自己的思维，伴随你意识中那个令人如沐春风的声音，你也会感到自信倍增。

## 要反思，不要苦想

如果，对消极自动思维的挑战进行得不顺利，或者没有预想的那样成功。那么，接下来要怎么做？你有两种选择。

- **苦想：**沉溺于自己所犯的错误，翻来覆去地琢磨那些做得不够好以及可能加剧消极自动思维（类似“我失败了”，或者“我真没用”）的事，而最终你还是感到极为不快。
- **反思：**判断哪部分你做得还不错，而哪些不太好。分析一下为什么一些事情能够起到作用而另一些不能，并制订下一步计划。

很显然，第二种选择更加合理，而第一种则是彻彻底底地浪费时间。你无法改变过去，但是能从中总结经验教训，汲取营养，以期更好的未来。

## Ⓢ 反思和计划

- **回顾你上一次感到自己犯了错或没有达成目标的经历。**我在公司的一次大型聚会上表现得很糟糕，喝了太多酒，而且忽略了一些同事。

- **列出五件（没错，是五件）你觉得自己做得不错或者做得还可以的事。**我把老板逗得大笑；我称赞了那个组织活动的姑娘；我和一位总监聊得很愉快；我和其他部门的接触很融洽并且最后帮着清理会场。
- **接着，列出你做得不太好的事（不限制数量）。**我的同事正在发泄对工作的不满（她的工作比我强多了），而我则对此不以为然。随后我便走开了，没有做出任何解释。我想她不会太在意这件事的。
- **下一次见面你会做些什么来弥补？**我可以叫住她，向她道歉并解释我也工作得很不开心，所以没有好好听她说话。我同样可以认真听听她为什么那么厌恶自己的工作，（也许，那工作没我想的那么好？）也许我会向她提出一些建议。如果我们刚好碰到同样的事，也许还可以互相帮助。
- **你需要寻求帮助吗？**我可以找一个比较客观的朋友或者同事，问问他们有什么想法，应该怎么做才最好。

- **问问自己，“一天之后，一个月之后或者一年之后，我还会觉得现在担心的事情有那么重要吗？”**答案当然是否定的。我的同事又不懂读心术，所以很可能她根本不知道我当时在想什么；她可能甚至都没注意到我做了什么。当然，就算她注意到了，她也不会一直记在心里。

勇敢地面对生活中那些不期而遇的烦心事，你会因此感受到更强大的控制力，在处理这类问题时，也会感到更加自信。

## 温馨提示

√ 识别并挑战消极自动思维，这可以证明你能用另一种观点来解释同一情境。

√ 扪心自问：“如果我的朋友处在与我相同的情境中，我会对他说些什么？”你对自己的朋友总是比对自己更加公平。

√ 你可以选择改变你内心的声音，这样它就会更加实事求是、更公正也更富同情心。

# 04 天助勇者

当你缺乏安全感时，你对于自身行为可能造成的可怕后果有着近乎疯狂的猜想。然而，这对事情本身却没有丝毫帮助。本章内容将会使你醒悟，这种令人焦虑的消极预期，对于时间以及大脑都将是极大的浪费。

## 对消极预期的焦虑

当你感到不自信时，你就更可能预期最坏的结果，例如，展望未来却只看到厄运与危难。如果你的想法总是很消极，类似于“这太难了，我做不到”或者“我没有足够的经验，一定会出丑”，那么你在克服障碍或着手做一件全新的事情时，就会被压得喘不过气来，似乎也更难以成功。

预判未来、评估哪些事可能发生或者不会发生，这是人类的一项生存技能。回溯到人类还围着兽皮裙的恐龙时代，猎人们若想判断是否要同有勇无谋的猛犸象展开搏斗，就必须对特定情境的危险性进行评估。而现如今，我们人类的危险传感器仍像过去一样灵敏。所以，我们依旧会对情境做出评估，不会仅仅因为开心而从桥上一跃而下，也不会愚蠢到对老板说出大家对他的真实看法。人类社会之所以不会突然崩溃，就是因为我们能够意识到，有哪些因素对于事件的成败起到了关键性的作用。这种能力当然非常好……但假若你的预期和评估不能如实地反映现实，那么就完全是另一番景象了。通常，如果你的自尊水平比较低，这种情况就会发生。

假如你缺乏足够的自信，你做的某些事或说的某些话（或者没做事、没说的话），很可能导致你的心态变得十分消极，产生无数可怕的设想。同时你会忽视一切积极信息。这些消极预期会令你感到焦虑、紧张和犹豫不决。你会认为事情远比实际情况更具威胁性。你的自信会急剧下降，并且感到肌肉紧张，因为，你已经开启了一种“或战或逃”的模式。

## 或战或逃

当你感受到威胁，就会产生一种本能的或战或逃反应。你的身体会释放大量肾上腺素和皮质醇，渗入到血液中。心跳加快，使更多血液从身体其他部位流向肌肉和四肢，确保你能更迅速地投入战斗或准备逃跑。你的呼吸频率加速，使血液中的含氧量增加。双眼瞳孔放大，以便能看得更加清楚。你的听力也变得极其敏锐，而疼痛感则会降低。你大脑中掌管理性和日常事务的部分退居次要地位，使你将精力百分百地集中于当前所面临的危险。

你会处于一种“攻击模式”。你可以想象自己在一次 007 式的追车大战中刚刚成功避开了子弹，这就是该模式的一个完美典范，然而，如果你只是为找老板加薪而感到有些心虚，那么就没什么大不了。

你的身体其实无法区分威胁究竟来自于何处。无论是生理上的威胁（例如，追车大战或者地震），还是心理上的威胁（例如，要求加薪或在聚会上不得不面对你的前任），你都会做出相同的应激反应。同时，你的意志也会开始主动搜寻其他潜在的威胁，并把精力全部集中于不利的因素上。

## 常见的消极预期

当你的自信跌至谷底，并感到焦虑不安，你对未来的预期很可能会变成下面的样子（也许是其中任意一种，也许是全部）：

- 高估失败的可能性。你认为事情不会如你或他人期望的那样圆满完成，你总会假定产生最坏的结果。
- 夸大失误带来的不良影响，例如，后果很严重，反响很恶劣。

- 一旦事情未能如期完成，你就会低估自己处理事务的能力。
- 对成功的希望完全视而不见。即使你以前在几乎相同的事情上获得过成功，你也会全盘忽略，或者在某种程度上刻意制造两者的差别，使它们不具可比性。

你的焦虑很可能直接导致问题。如果你因为焦虑而过于胆怯，就不会寻求帮助或者求得反馈，也就无法评估你到底做得如何,或者你可以怎样去做。相反，你只能根据猜测来完成这一切。

## 朱莉娅不明智的职业预期

经济衰退的影响波及了朱莉娅任职的公司。在过去的两年里，公司共裁退了 15% 的员工。每个得以留任的员工都为保住饭碗而感到十分幸运。不过，也不尽然。朱莉娅心里明白，她应该感到幸运，但她的工作量却增至原先的三倍。她每天工作 14 个小时，并且感到这样的日子遥遥无期。公司已暂停员工招聘，所以她十分清楚，短期内情况不可能有所改善。但整整两年全年无休的工作，已经令她身心俱疲。

于是，朱莉娅开始拖欠工作，并且已经因此被老板骂了两次。她无法理解，在这样毫无支援的情况下，老板怎么还能期待她一如既往地持续如此高强度的工作，或者，至少应该给她加薪，作为增加工作量的补偿以及努力工作的嘉奖。她心里感到很不平衡……但随后又觉得有些愧疚。难道她不该为尚有工作可做而心存感激吗？

朱莉娅意欲同老板就此事进行谈判，她有这个想法已经大概六个月的时间了，但她确信这不是什么好主意。她的老板一定会很生气、很失望，对她的印象可能会比现在更差。公司不会给她配备助理，也不能给她加薪作为补偿，因此，谈判又有什么用呢？

朱莉娅的认知地图可能如下图所示：

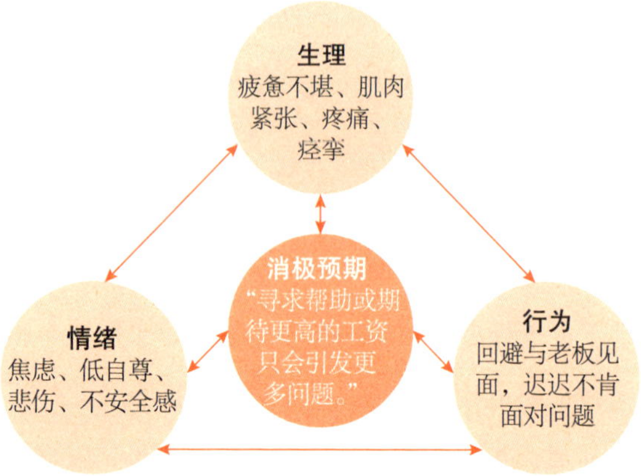


图 4.1　朱莉娅的认知地图

如果你对于像朱莉娅那样的消极预期没有丝毫的质疑，那么它们将对你的情绪以及你所做的一切造成极大的影响。即便你取得成功，或者做得还不错，你还是会想尽办法低估自己的表现，并聚焦于所有可能的负面信息，例如，“是做得不错，但这也持续不了多久”，或者“这完全是出于侥幸——我也差点没完成”。由于朱莉娅只关注到当前处境中消极的一面，故而忽略了在整整两年时间里应对三倍的工作量是件多么了不起的事。如果她能够肯定自己，而不是指责自己，就会更有信心面对老板。由于你排斥任何与自己悲观想法相悖的证据或观点，所以一旦陷入恐惧，你的预期便无法得到修正。而你的行为也难免不会暴露内心的想法，所以你会像朱莉娅那样，要么迟迟不肯面对问题，要么压根不去理会它们。

## 逃避与拖延

你会因心怀恐惧而选择逃避，或迟迟不肯做出改变，时间拖得越久，困难也就越大，越令人胆战心惊，直到看起来难以克服。

如果你不面对它们，就永远无法证明你的消极预期是错误的。你无法判断自己到底能否打破困局，也无法知晓事情究竟能否向好的方向转变。以朱莉娅为例：如果她能与老板谈一谈这件事，那么最坏的结果会是什么呢？无非就是，他的老板说“不行”。

然而，他也可能说，“我很感谢你为公司所做的一切，两个月内事情应该会有转机，因为我们要开始恢复招聘了”。而朱莉娅在得知境况将有所改善时，也会感到如释重负。

对你来说，逃避或者拖延在当时看起来也许更轻松，但实际上却只是加重了不安全感，并将内疚感也掺杂进来。做任何事都不可能找到一个“完美”的时间。你总能给自己找到各种各样的理由和借口，但是你拖得越久，也就越难以应对。随后，你不仅会因为没有尽快解决这件事而感到内疚，而且还不得不对抗自己心中的杂念，比如：“我现在已经铺好床了，我该去睡了”或者“现在要改变已经太迟了”。

拖延也使自我折磨加剧。因为担心自己不够好或太害怕失败，你对任何事都会留一点尾巴，直到最后一分钟才完成。一旦出现问题，你就可以对自己说，“嗯，如果我再努力一点，或者早些交工，会比现在更好”。

如果你认为自己做得不够好或者事情本身难度过大，

你可能会半途而废。当然，你也有可能过度准备。你过分担心自己做得不够完美，所以总妄图把准备工作做得面面俱到，而实际上，调整好心态就足够了。否则最终你会感到筋疲力尽，为任何可能的遗漏感到惶惶不安。即使事情完成得不错，你还是会低估自己的能力和天赋，而将其全部归功于准备工作做得比较充分。

## 克雷格的体重问题

多年来，克雷格一直想要减肥，但他总是不好意思向别人求助，于是转而上网搜索那些流行的减肥食谱。然而他只坚持了几周时间便放弃了。因为担心自己半途而废，他打了退堂鼓，不敢再次尝试，但体重却一再增长。他对自己的身材感到很是难为情，非常缺乏信心。

克雷格发现自己所有的衣服都穿不下了。在公交车和火车上，他也尽量避免同其他乘客相邻而坐，因为他实在不想侵占别人的空间。他感觉糟透了，但却不知如何是好。他对自己说："我缺乏毅力，我无法坚持减肥饮食计划，一旦我失败了，感觉会更糟。"他的情绪很差，于是开始想吃什么就吃什么，用食物来舒缓自己的情绪，而这却变成了一个恶性循环。

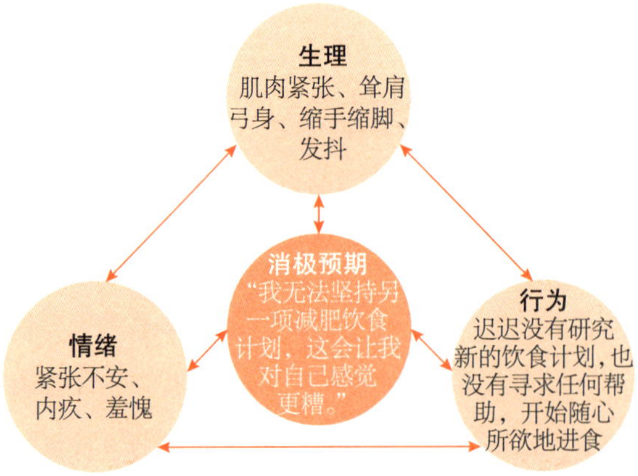


图 4.2　克雷格的认知地图

只有勇于面对恐惧的事，你才能真正认识到，其实你完全能够做好。从上面的例子可以看出，克雷格一直沉溺于过去的失败。相反，他应该反思过去，找出问题的症结所在，总结经验教训，争取下一次有所改观，正所谓失败乃是成功之母。

## 挑战消极预期

即使再自信的人也会紧张，会关注事态的发展。不同的是，他们对自己信心十足，相信问题终有解决之道。即便没能解决，他们也有能力承担后果。决定最终成败的关键因素在于你的做法，而非你的感受。你要记住：你的所思所想并不具备什么匪夷所思的魔力。你不会仅仅因为想去赢彩票，就真的中大奖，同样，你也不会因为觉得自己很蠢或很厉害，就真的变成那样。事实上,你做了什么才是最重要的。

如同你挑战自己的消极自动思维一样，你也需要挑战那些令你感到焦虑的消极预期，以此来说服你焦虑不安的大脑，告诉它一切不过仅仅是猜测，绝非事实。你不是预言家，不能预测未来。你不能依靠那些消极预期来做决策，那是一个坏习惯，必须改掉。

## S 消极预期记录表

将下周中你所遇到的那些所有引发你焦虑的消极预期都填写在下面这张表格中。在预期的后面注明你在多大程度上相信它们会发生（0~100）。对这一假设进行评估，思考你有什么证据支持或反对这一假设？有没有更可信和更符合实际的观点？

| **情境** | 在单位做一个工作报告 | 拜托朋友救急，临时帮我照看孩子 |
|---|---|---|
| **引发焦虑的消极预期是什么？我在多大程度上相信它会发生？（0~100）** | 我会脸红（80）<br>我说话会结结巴巴（70）<br>我没有能力胜任（70）<br>人们会笑话我（65）<br>我会丢掉工作（30） | 她会认为我很不会打理生活（95）<br>她会拒绝，事情会变得很糟糕（85）<br>她会评判我的育儿技巧（75） |
| **你的预期引发了哪些情绪？** | 焦虑<br>紧张不安<br>惊慌 | 尴尬<br>欠人情<br>内疚 |

续表

| | | |
|---|---|---|
| **支持我预期的证据有哪些?** | 我在以前的工作中从来没做过类似报告。<br>在学校时我就很怕当众演讲。<br>我一紧张，说话就结巴。 | 没有证据支持我的预期，因为我以前从没找这个朋友帮忙照看过孩子。 |
| **反对我预期的证据有哪些?** | 我只是在项目组内部做报告，组内其他同事都很喜欢我，所以他们一定希望我取得成功。他们不想看到我失误或者打退堂鼓。我可能会感到有点紧张，但很正常，这只是因为我非常重视这次报告，希望做到最好。 | 我朋友人很好，我们之间的关系也非常不错。她以前主动提出过要帮我照看孩子，只是我从没麻烦过她。哪怕她有些犹豫，我会和她解释原因，让她明白这次真的是事出紧急，否则也不会临时请她帮忙。 |
| **可能发生的最糟糕的情况是什么?** | 我搞砸了，没能顺利完成报告。人们都笑话我，我会受遭到批评。 | 她没有帮我照看孩子，并且对于我竟让自己陷入这样的局面表示震惊。 |
| **如果最糟糕的情况发生我会怎么应对?** | 如果同事们确实笑了，那么我也可以试着发现其中好玩的一面，并且假装很勇敢。他们这么做肯定没有恶意。如果我受到批评，我会主动去做一些公众演讲方面的练习，以后我会做得更好。 | 如果她说“很抱歉”，我会再找其他人，看看能否有其他人帮我照顾孩子，或者再把事情重新规划一下。如果她对这突如其来的请求感到很惊讶，我会耐心向她解释，这种事情不会经常发生，仅此一次而已。 |

续表

| | | |
|---|---|---|
| 可能发生的最好的情况是什么? | 任务完成得非常出色，每个人都对我印象深刻。 | 她很高兴地接走了孩子们，并且和他们相处得很愉快。 |
| 最可能发生的情况是什么? | 我完成了报告，感到有些紧张，但表现得还可以。 | 她帮了我的忙，接走了孩子们。 |
| 现在你认为自己预期的情况发生的可能性有多大(0~100)? | 我会脸红（80）<br>我说话会结结巴巴（50）<br>我没有能力胜任（20）<br>人们会笑话我（20）<br>我会丢掉工作（0） | 她会认为我很不会打理生活（40）<br>她会拒绝，事情会变得很糟糕（10）<br>她会评判我的育儿技巧（75） |

通过填写这张表格，你会清醒地认识到，你想象中最坏的情形，其实不大可能发生，即使发生，你也有能力应对。细致分析你的预期，并把恐惧情绪（这种情绪看起来势不可挡）分解为若干部分，这样你就可以将其各个击破，你就可以降低不安全感，并建立自信。你会以一种更开放的心态来面对艰难的处境。每当发现那些消极预期令你感到沮丧，你可以立即使用这个记录表，那么很快，挑战这类想法

将变成你的第二本能。过不多时，你甚至无须再使用它，因为你已能在头脑中迅速对情境做出更合乎现实的评估，并自然而然地在解决问题时更具自信。

## 想象成功

当你为可能产生的恐怖结局感到惶惶不安时，你会像过电影一样，在脑海中推演出一系列情节。想象的力量是无穷的。假如你能想象到自己做报告时结巴或口误的画面，听到人们都在嘲笑你，那么这些剧情在现实中似乎也将不可避免地上演。想象会让你体验到和事情真实发生时完全相同的情绪和生理反应。也就是说，甚至在你尚未开始报告时，就已经感受到羞愧、尴尬，并且吓得目瞪口呆了。

此刻，你熟稔于想象灾难性的后果，却十分害怕描绘那些美好的结局。我们非常希望你能展开想象的翅膀，梳理所有可能发生的积极结果，这样你所看到、听到并感受到的，就会是成功，而不再是失败。同时，你自然也会明了，为此应该付出哪些努力。这就像一场内心的彩排，运动员和演员在比赛及表演前经常进行这样的练习。通过逼真地想象比赛和表演画面，他们便可以把自己的身心调整到接近完美的状态。

想象将有助于你：

- 熟悉自己要做的一切，这会令你感到已然做好了充分准备。
- 在尝试新事物之前建立自信。
- 专注积极结果，从而减少消极的想法。
- 立志成功，因为你已然看到并品尝过成功的滋味了。

## Ⓢ 预演成功

思考接下来的一周、几周或一个月中你打算做哪些事。很可能，你已对其中某些事感到忧心忡忡，烦恼不已，并做出了一些消极预期。

1. 写下让你感到烦恼的具体问题或者情况。

- 我要和那个对我进行情感虐待的男朋友分手，不再受他威胁而留在他身边。

2. 接下来，想象在最乐观的情况下，事情会如何发展。你会怎么做，其他人会怎么做，你想得到的最好结果是什么？把它们记录下来。

- 我会坚决地告诉男友，这就是我最终的决定。我同样会向他强调，为什么说这是对彼此最好的结局——我们都过得不开心，在一起的日子越久，我们就变得越不开心。他可能会感到难过，但仍然接受了我的决定，让我离开。

3. 大声朗读刚刚所做的记录。切实听到记录的内容一字一句地传入自己的耳朵，会比仅仅浏览一遍更能让人下定决心。并且，这会使你处于一个旁观者的角度审视自己的想法，你可能会发现其他可行的步骤，或者为之前没想到的困难找出解决方案。

- 如果他大吵大闹，我会坚决而冷静地重复，这是我的最终决定，并且这对我们都是最好的选择。我会尽量避免与他争论，或者陷入相互指责的境地。我只会说，“只有这么做，才是对彼此都有好处的结局”。

4. 闭上你的眼睛，摒除一切杂念，深呼吸，从鼻子吸气，从嘴呼气。

5. 现在描绘出一个你想象中最为自信的样子。那是你有生以来最好的一天。你穿了什么衣服，站姿如何？现在，你准备好了吗？

- 我会很自信地站在那里，头高高抬起。我也会事先收拾好行李，做好离开的准备，这样我就无须在他正难过时急急忙忙地整理自己的东西。当然，这也会令他确信，我再也不会回心转意，我们之间已经没有挽回的余地。

6. 依照你刚才的想象，摆好姿势，两肩下沉，挺直腰板，并把下巴高高抬起。

7. 把你期望发生的所有事在头脑中仔细想一遍，任何细节都不要放过。这样一个自信的你会说些什么、做些什么、想些什么，又会作何感受呢？如果这是一部电影，你就是导演。一切尽在你的掌握。

8. 目睹自己目标达成，就像你最初预想的那样。

若要使想象效果最大化，你需要不断地进行练习。所以，你应该一遍遍地预演这一情景，直到你在真实生活中也体现出这样的积极性。

这种想象疗法会帮助你建立信心，使你相信事情会顺利进行，你也能够做出改变。在你面对困难，并为此感到恐惧时，你确信自己有办法，也有内在的力量，能够战胜这一切。并且，你也不必一直囿于担忧、焦虑和不满的情绪中难以自拔。

在下一章中，我们会告诉你，如何将重新拾回的信心和自我信念投入到实践中去。

## 温馨提示

√ 把引发焦虑的消极预期替换为现实的、公平的预期，这会提升你的自信。其效果是超乎想象的。

√ 应用想象疗法的技术，使自己达到积极而自信的心态

√ 每当你感到焦虑或没把握时，就在脑海中想象自己最好的样子，问问自己："这样的我会怎么做呢？"

# 05 做比想更重要

你的思维现在已不再如之前那般竭力同你作对，所以，是采取一些行动的时候了，你需要直面内心的恐惧。将原先拖延之事付诸实施，你会很快认识到，事件本身远不及想象中那样恐怖。

## 付诸行动

既然你对挑战消极自动思维和消极预期已然十分得心应手，那么，你也就有条件对想象中这个闪闪发光的、全新的、自信的自己进行全面彻底的检验。你需要正视之前所逃避的那些事，这可以使你证明自己足够优秀，并能够应对得宜。

当你遭受低自尊的困扰时，你的消极自动思维和消极预期很可能设法说服你，一旦事情遇到麻烦，那一定是你内在的因素出了问题，而不是因为缺乏自信，疏于练习或者遭遇不幸。时至今日，你已能更切实际地看待那些最有可能发生的情形，你对自身的能力也更有信心，这一能力不单局限于开始某些任务，更意味着完成它们。做完某些之前拖延的事，能极大提高你的自信和动机。这些事完成得如何（一般般、很好亦或非常出色）并不那么重要，重要的是，你完成了它们！

## 什么是自我效能

心理学家阿尔伯特·班杜拉将自我效能定义为“个体相信自己有能力在特定情境下取得成功。”该信念（或缺乏这个信念）对于你如何完成任务、迎接挑战和达成目标，起到了主要作用。

低自我效能感的人倾向于等待，除非他们对某些事有百分之百的把握，否则就不会着手去做，而这通常意味着，他们会等待很长很长的时间（有时候是永远）。若想构建自尊，你必须像那些自信的人一样，习惯于在没有十足把握的情况下采取行动。他们十分清楚，即使事情搞砸了，他们依然能够承担后果，但他们对自己很有信心，坚信事情一定会取得成功。

## 自我效能规则

自我效能感高的人：

- 把挑战视为他们应该去熟悉和掌握的内容
- 把参加的活动培养成兴趣爱好
- 对他们所做之事产生责任感和依恋感
- 能很快从挫折和失望中走出来

自我效能感低的人：

- 回避挑战性的任务
- 认为困难的处境和活动超出了他们的能力范围
- 聚焦于个人的弱点和消极的结果
- 对自己的个人能力很快丧失信心

到目前为止，你的改变还只停留在思考阶段，当然，你已迈出非常了不起的第一步。但是，你仍需把所学到的一切真正付诸于实践。只有开始动手，你才可以期望完成。然而你会发现，一旦实际行动起来，你感受到的压力就会明显降低。

冲破以往惯性的行为模式，可能会令你忐忑不安，但是，你必须经受这一切。行动能够给你带来反馈，也能够证明你应对困难的能力，这会使你感到更加自信，自尊和自我效能感也可得到提升。

## 尝试与检验

在上一章中，我们介绍了如何围绕事件或情境，挑战你的消极思维和预期，故而你已对自身的能力以及行为可能引发的结果有了更切合实际的考量。现在，大幕已徐徐拉开，真正的结果即将揭晓。你需要对这一全新的、更积极的思维方式进行彻底检验，对照行为结果认真仔细地举证，使你内心的那个法官再也无力反驳。

### S 检验自我效能

我们对上一章中你挑战预期所用的记录表进行了修

改。这一次，你无须挑战预期，而是要实实在在地去做一些曾经逃避过、或者令你感到恐惧的事，并以此向自己证明：

1. 你可以应付艰巨的任务。
2. 你的消极预期几乎很难被证实，但如果它们确实发生了……
3. 即使事情出现问题，你依然可以应对。
4. 如果能更切实际地思考未来要发生的事，你会更加自信。

依照下列指导原则，将目前所学（参考前面几章的内容）付诸实施：

- 把所有被你拖延或令你感到焦虑的事情逐一列出。
- 依照难度或所引发的恐惧水平，对所有任务、事件和情境进行评级，从最简单（最不可怕）到最困难（最可怕）。

- 尽可能详细地记录其中最令你感到害怕的任务或事件。
- 下一步，把你预测可能会发生的情况记录下来。例如，你当时会有怎样的感受？你认为对方会怎样想？等等。而后，根据你认为这一预期实际发生的可能性，按照 0~100 进行评级，如同你在第 4 章中评定过的那样（但愿在你学习并使用了这么多策略之后，这些预期不会真的发生）。
- 设计一个行为实验来检验你的预期。想一想，你可以采取哪些手段来证明你的预言会否应验？
- 实施行为实验，直面你的恐惧，完成实验。
- 将实际发生的事记录下来。同你的预期相比，这个实验结果如何？你从中得出了什么结论？不同的行为对于你的情绪产生了哪些不同的影响？而这对你消极的自我观念又会产生什么影响？你可能会发现，你的消极预期是错误的，而你提供的替代性选择，才是更切合实际、也对你更有益处的预期。或许，你也可能发现，虽然你做的预测无误，但结果并没有那么糟糕，最终你都能处理得很好。

- 逐一完成你所列出的任务或事件。如果你冒出类似“我不想做这件事”或者“我不想那么麻烦”的念头，记住千万不要理会。这样的念头会动摇你全力以赴的决心。实际上，想要证明自己很能干，并让自我感觉变得好一些，唯一的途径就是直面恐惧。你做得越多，在面对每项任务时，它也就变得越发简单。

在实验开始前，你应确保自己能避免一切无益的做法。例如，回避、逃避、过度准备，并保证自己在整个过程中杜绝类似行为的发生，这样做才能使你真正投入到处理焦虑和消极预期的工作中来。

我们已在记录表中填写了一些实例供你参照：

| 情境 | 预期 | 实验 | 结果 | 结论 |
| --- | --- | --- | --- | --- |
| | 你预计会发生的结果，以及在多大程度上你认为它会发生（0~100） | 你如何检验这些预期 | 实际的结果 | 你的预期正确吗？<br>是否有更为公平的观点？<br>现在你如何看待你的预期？ |
| **同我真心喜欢的一位男士或女士第二次约会** | 如果我不喝点酒，他或她一定会认为我很无聊。（95）<br>他或她不会再想和我约会了。（100） | 上次约会喝得醉醺醺的，所以这一次我决意不喝那么多酒，观察一下情况会如何。我不会在约会时立即提出下一次邀约，而是会等一等，看对方是否会主动联系我。 | 我并没喝太多，并且度过了一段美妙的时光。他（她）尚未约我再见面，但我想他（她）会的。 | 他（她）并没感到我很无聊，我们笑得很开心。我的预测似乎有点蠢。即使他（她）没有再约我见面，我心里也很清楚，这与我约会时的表现无关。 |
| **请求升职加薪** | 他们没有批准，并且历数我的过失。（75）<br>他们会指责我贪心。（80）<br>他们会认为我自不量力。（80） | 安排时间见领导，并提出自己的要求。列出我应该升职加薪的理由。 | 虽然他们没有批准我的请求，但他们强调十分感谢我所做的一切，并且清楚我工作有多么努力。他们表示三个月内会对这一情况进行重新评估。 | 即使他们真的认为我自不量力，我想他们也会尊重我的请求。从积极的一面来说，他们至少会认为我是一个有抱负的员工。在知晓他们很感谢我的工作后，我的感觉也变得好些了。 |

事实上，对你的恐惧和不安全感进行检验已经能够证实，事情几乎不会如你预想的那般糟糕，即使它们确如所料，你也能应对得宜。在完成所有检验后，你不妨给予自己一些褒奖。真正地行动起来，直面内心的恐惧确实需要超乎寻常的勇气，你实在该为自己感到骄傲。你不仅面对了恐惧，而且还有力地驳斥了你那糟糕透顶的自我批判。现在，你内心的那个法官要么已经打道回府，要么已明显地改变了论调。

## 完美主义原则

完美是不存在的，它只是一个危险的神话。我们之前已经提到过这一点，但这的确值得反复强调，原因在于，努力让自己符合某种理想中的样子，毫无例外会导致低自尊的产生，且无法回转，无论这个理想中的完美形象来自于你自己，还是来自于你想象中他人的期许。

自信的真正意义在于，你确信自己能够应对生活抛给你的一切,无论是好是坏。并且,我们所定义的"应对"是指,尽可能以对当时的你来说最好的方式达成目标。至于你能做什么、不能做什么以及究竟会发生什么,你则必须秉承实事求是的态度,不能强求。而假如你感到自己有所欠缺,这就可能会十分困难。推动自己去实现更多目标本是一件好事,不要反而将其演变为惩罚自己的工具。

犯错误也好,失败也罢,这都不算是弱点。它们正是学习、成长以及更好地了解自我所必经的道路。你太过追求完美,因而让自己承受了巨大的压力,这令你变得精神极度紧张。每一次经历对你而言都只是某种忍受而不是享受。同样,如果你是一个追求完美的人,你会不断变换自己的内部规则,令自己永远都不可能成功。例如,你的新伴侣并不太符合你所有的条件;你目前的薪水是 1000 英镑,你认为应该涨到 3000 英镑;你减肥瘦了 5 磅,你认为应该瘦 7 磅……够了,你着实应该让自己好好休息一下!

你可能认为，如果在你努力尝试后仍没有获得想要的一切，从某种意义上说，这就已经意味着失败了。出于这种被歪曲的信念，你可能不会再努力工作，并且开始拖延或者回避。切莫让恐惧阻挡你去抓住新的机会。完美是一种错觉，失望也只是暂时的。要冒险就不可避免地会犯错误，这会助力你测试思维的极限，激发你无限的创造力，令你不断创新。犯错误是自我成长必需付出的代价，这能使你磨练技能，并更好地了解他人和自己。

## 走出心理舒适区

如果你承受低自尊和低自信的痛苦已有很长时间，你可能已然发觉，对某些事采取拖延、回避或者敷衍的策略，会令你内心感觉十分舒适。满足于这样的生活当然也是一种选择，但绝不是正确或者最好的选择。你可能认为躲起来、不发挥自己全部的潜能，或者干脆不挑战自己，会让自己好过一些，但事实并非如此。从长远来看，你会伴着内疚、悔恨和不安全感度过余生。当事情未能按照你期待或设想的那样得到解决，这说明它一定很有难度，然而，如果以此作为你日后选择如何生活的依据，那未免是一种站不住脚的借口，只能说明你在逃避。你是可以做出改变的。你已经足够强大，为什么不选择尝试一下呢？如果回避任何风险，你又能从中得到什么？一份安稳的生活？也许，但那是一种快乐而满足的生活吗？再也没有什么能够阻挡你，尝试去过一种崭新的生活吧。

## 修正你的个人规则

想象一下，如果你不在乎失败，那应是何等的解脱。可笑的是，卸下压力你反而更有可能做到最好。因而，你需要把个人的规则从“任何一点不完美就等于失败”修改为“我会尽自己的最大努力，无论结果如何，都会从中吸取经验教训”。

## 令人失望的授课申请

罗宾在一所小学做助教已有六个月的时间，她很热爱这份工作。同事们都认为她能成为一名很优秀的教师，并鼓励她去申请一份教职，去教一门在六个月后开始的全日制课程。罗宾感到很兴奋且动力十足。她采纳了同事们的建议，申请了一门课程。她填写了所有申请表并参加了面试，而后紧张地等待着结果。

但是，她最终没有等到。

罗宾感到很受伤，并且觉得这似乎不只令自己感到失望，也令她的同事们感到很失望。他们都帮助过她，督促过她，罗宾认为他们肯定也如自己一般心情沮丧。当她告诉大家申请没能通过时，她哭了，之后她又为自己令大家感到伤心而觉得难受。没有申请到上课的机会深深地挫伤了罗宾的自信。她放弃了申请，在工作中也变得更加沉默，并且犯了以前从未犯过的低级错误。她认为

“如果我不够资格做一名授课教师，那么很显然，我也不会是一名好助教”。她感到紧张、坐立不安、愤怒、焦虑，并且在课间和午休时也尽量不待在教员办公室。

## 熟能生巧

虽然这属于老生常谈，但事实也的确如此。如果你出现了失误，或者事情进展不如想象般顺利，那么就请多加训练。从上一次的失败中总结经验教训，勤于练习，直到你有足够的自信重新来过。如果你对当众演讲感到恐惧，那么不妨多演讲几次，直到你对此感到很放松。你可以对着镜子说，对着伴侣说，对着父母甚至是公交车上的陌生人说。总之，尽可能地多说多练。如果你希望在与异性接触时感到更加自信，那么也只管去做。说“你好”，道“早安”，夸奖“你的鞋真漂亮”，诸如此类。

采取行动不要放弃，直至达到你预想的效果。你可能会遭遇挫折、失败和拒绝，但是一定要记住，你要从中吸取教训、汲取营养，让自己变得更加自信。

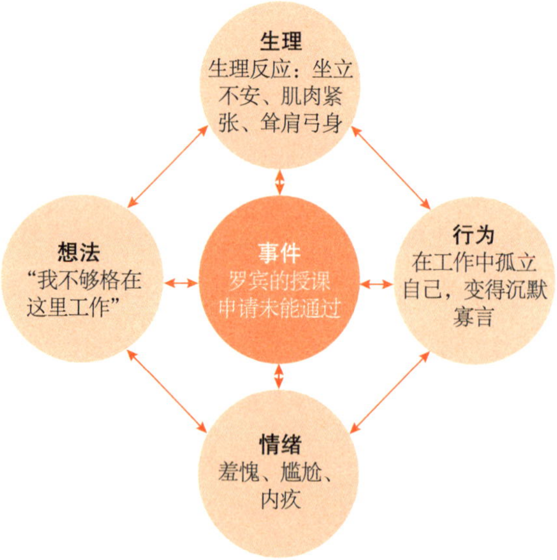


图 5.1　罗宾的认知地图

罗宾完全不必把这次授课申请的失败看得太过重要，这个挫折并不会就此改变她的人生，其实她完全可以简单地把这当成一个需要战胜的困难。这次未被录用的确很糟糕，然而，她可以运用当前所了解的知识，牢牢地把握住下一次申请的机会，并且她还有一年的时间，完全可以积累有价值的经验。

如果你把自己所犯的错误和遇到的困难，都当作不可磨灭的失败印记，镌刻在心里，那么你的生活也会被其主宰。罗宾可能就此离开助教的岗位，从事一份新的工作，但却再也无法从中体验到任何成就感。她可能不会再对自己的能力感到信心十足。这种感觉不仅仅会局限在教学上，亦会延伸到生活的方方面面。如果她不这样想，则完全可以把这次经历当作自己的优势，再次提出申请，成为一名真正的教师。由此我们可以看出，事实上，你对事情的看法，才是真正雕刻生活的利刃。

## S 三件事法则

列出三件你一直想要尝试且在下个月内可以实施的事情。分别找出能够达成目标的途径,只管努力去做,不要想太多,也不要过分研究,抓紧时间真正行动起来就好。你当然可以翻阅很多资料,看到自己双目酸痛,但是除非亲自尝试,否则你永远都不可能做到真正了解。你不能指望只读一读菜谱、看一看美食书,就自认为是一名出色的厨师了。你要照着菜谱的步骤多做几次,直到感觉很拿手才可以。你不能总以成功和失败为标准看待所有事,而要用儿童学步的道理来开导自己心里的那个小孩。如果孩子们在蹒跚学步时,跌倒后就不再爬起来继续尝试,那我们所有人都将还在原地笨拙地爬来爬去。小孩不知道什么叫作失败,所以他们只管先迈出脚,而这正是你现在要做的。

- 进行头脑风暴,列出你下个月意欲尝试的一些事情。

- 挑选其中差别较大的三件事。其中一件比较简单（例如，“和某人搭讪，把自己的电话号码留给对方”或者“招呼同事下班后去喝两杯”），一件会稍微有点难度（例如，“主持一个工作会议”，“加入一个新的健身班”），而另一件则需要更多的规划（例如，“参加一个创意写作比赛”，或者“申请一门夜校课程”）。
- 对每件事进行考察并制订相应的实施方案。如果其中一个目标是“和某人搭讪，把自己的电话号码留给对方”，那么你便可以和一些朋友共同组织一个狂欢夜派对，这样可能会认识一些单身的朋友。
- 付诸行动。怀揣热忱应对当前的情况，并摒除一切关于成败输赢的想法，把它纯粹当成一次经历，而不是评判自己的依据。只要你付诸实施，就已经意味着任务的成功，结果怎样并不重要。如果那个被你搭讪的人转过身来说，他（她）已经结婚了，那又如何呢？至少你已尝试过。

- 而后再次制订方案，再次尝试。经过不断练习，任务会变得越来越简单。

## 温馨提示

√ 实际上，做一些令自己感到害怕的事，可以提升你的自我效能感，你的自信也可因此得以增强。

√ 完美只是一个神话。不要再试图迎合你心里那个不可能达成的完美形象，相反，你更应该关注那些你能做到的事。

√ 坦然地将自己的失误视为学习过程中的必经之路。如果事情不顺利，那么就尝试另一种途径，在哪里跌倒就在哪里爬起来。

# 06 傲慢与偏见

为自己取得的成绩感到骄傲是建立自信所必需的。本章将教会你如何摆脱自我偏见，并给予自己应得的赞赏。

## 欣赏美好的事情

为自己取得的成绩感到骄傲，享受成功带来的喜悦，并自我表扬，这是建立自信的关键。事实上，因为假想中的失败，你已浪费了太多精力来苛责自己，反而忽视了很多好的方面。

你早已习惯于想尽办法忽略发生在你身上亦或因你而发生的好事：你将赞美视作虚幻，将自己取得的成绩归于侥幸或运气，固着于那些批评自己的话。

你总是看不到自己的优点。你可能认为哪怕思及自己的一点优点都是傲慢或自负的表现。然而，事实却并非如此。认识到自身积极的品质并不意味着自满，相反，这很重要。为了施展自身的才华，你应该了解自身具备所具备的优势。这对建构自尊而言是不可或缺的。照此看来，你实在应该学着对自己“好”一点。

研究表明，自尊存在不同的种类。有些人可能在任何情境下，都能维持安全稳定的自我意识。而有些人则不然，他们的自我价值感可能会取决于上次的表现，或是那些对他们印象深刻的人。当他们做得好时，就感觉自己很棒，一旦遭遇挫折，就会感到十分羞愧并自我怀疑，进而担心自己的社会地位和表现也因此受到影响。为了弄清楚自己到底怎么样，有没有落后于人，他们便不得不与其他人一直比下去。

然而，要获得真正的自信，你不能总依赖于他人对你的看法：如果你只有在得到别人认可时才能感受到自己的好，那么这种生活方式未免太危险了。能够获得你所尊重的人的肯定固然不错，但你不能将其当作评估自我价值的基础，而应始终将其视为一份额外的奖励。

因此，你不应仅依据当前的反馈或是你现在做得如何来建立自信，而应当基于你过往所有的人生经历，从一个更为广阔的视角，对自身能力和优势做出更为客观的自我评估。通常来说，这种内部评估不仅更安全、稳定和实事求是，也是一种更好的生活方式。

## S 公平地对待好事与坏事

想想最近一次你做得特别好的事，任何事情都可以。也许，你取得了一个满意的结果；也许，你得到了极佳的反馈；也许，你做了一顿很棒的晚餐亦或让一个朋友开怀大笑。那么，你的感觉如何？现在，大致估计一下你花了多长时间来思考这件事。十分钟？十五分钟？还是两分钟？

接下来，再想想最近一次你做得不够好，或者不太如愿的一件事。也许，你仓促地完成了一项工作而不得不对其进行修正，或者你与伴侣发生争执，说了让自己后悔的话。对此，你又会作何感受？现在，大致估计一下你又花了多长时间来思考这件事。一个小时？一天？还是一个星期？

在你的意识中，很多事情都被歪曲了，所以你可能想不出自己有什么事做得不错，也可能很自然地认为，像令朋友开心这种小事简直太微不足道。这是多么荒谬的念头。事实上，这些非常重要，也是你自身性格的重要体现。

我敢打赌，你思考坏事所花费的时间一定远远超过思考好事。这是不公平的。你的偏见会令你所认为的缺点逐一凸显出来，使你身上所有的优点黯然失色。正因为这种倾向，你才必须十分主动地去注意那些美好的事情，哪怕会花费很大的力气。

## 惩罚偏见

你对自己存有偏见。没错，不要否认这一事实。你的确是这样。加利福尼亚认知治疗中心的创始人克里斯汀·帕德斯基，将自我偏见视为低自尊的一种常见症状。偏见即在毫无根据的情况下，对一些人、事、物产生的不良看法，且这些看法极难转变。举例来说，假若有人对女性司机抱有很深的成见，他们便会认为所有的女性司机都不如男性司机，认为任何驾驶技术了得的女性司机，要么只是偶然一次表现不错，要么就是对自己的驾车水平撒了谎。你可以一口气列举出成千上万个实例来证明他们的想法是多么可笑，但他们压根不去理会。他们不希望证明自己是错误的——问题就出在这里。

你必须坦诚地去聆听、理解并相信新信息。它们是对你原有信念的反驳，并有助于你摆脱偏见。而为了摆脱自我偏见，你必须喜欢自己，相信自己。我们猜你一定乐意这么做，如若不然，此刻你就不会阅读这本书，你已经迈出了第一步。现在你要做的，仅仅是主动地关注那些能够反驳你偏见的所有信息，让它们在你脑海中扎根。很简单，对吗?

## 接受称赞（来自自己和他人）

为了建立自信，你不仅要学会表扬自己，也要学会接受他人的表扬。你很容易忽视只是出于礼貌和善意的称赞，是的，的确会有这样的情况，但大部分情况下，你得到称赞是因为你确实做得不错。

接受赞美是一门艺术。其他人希望你取得成功，希望你感觉愉悦——现在你只需相信他们并且相信自己。这并不意味着你要四处宣扬你有多厉害，或干脆把“我知道我很棒”写在脸上。你只需通过认可自己的优点来平衡自我评估，只要平衡就好。

当然，认可和接受自己的优点会产生一系列积极的连锁反应，它能使你身心愉悦，令你做得更好。

### 烹饪教会她的事

史蒂芬被公司解雇了，她不得不离开自己热爱的营销岗位。她感觉自己仿佛失去了支撑下去的力量。她伤心极了，甚至无法去找其他的工作。她只是躲在家里，寄情于她所热爱的烹饪。她开始在家中烹制一些美食，由于每次都做得太多，便邀请周围的朋友一起来分享。

这很快变成了一种惯例。伙伴们每周三和周五都会到她家，品尝斯蒂芬亲手烹制的美味。有一天，她的朋友简打电话问她能否带另一位朋友露西一起去。露西正在经历与恋人分手的伤痛，简告诉她，史蒂芬厨艺了得，吃了她做的菜，一定能让露西振作起来。听闻此言，史蒂芬感到十分惊讶，但也暗自高兴。她知道自己手艺不赖，但从没觉得这有什么特别或是值得称道之处。简对朋友说的这番话，真是让斯蒂芬感到受宠若惊。

那天，她做了自己最拿手的菜，最后共有七位朋友到她家来共进晚餐。每个人都对斯蒂芬的手艺赞不绝口——特别是露西。她甚至说她知道有一个市场正着手建一个美食大排档，建议斯蒂芬去申请。

其实，斯蒂芬从没把自己的厨艺当成什么了不起的本事。一直以来这只是她的一个爱好。但是，当她意识到其他人对自己的厨艺竟如此看重时，她也开始重新审视并重视起自己的这项“爱好”。

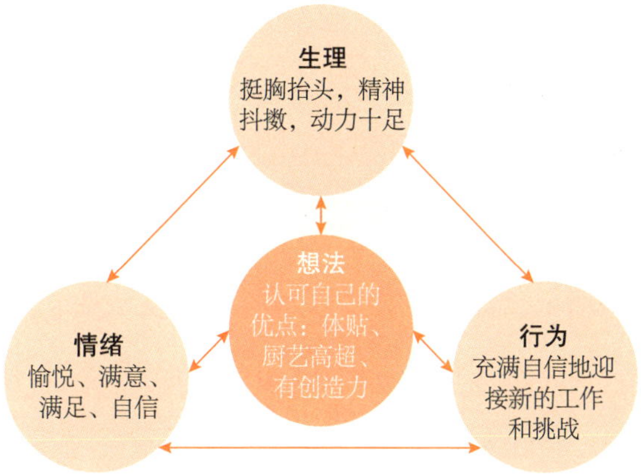


图 6.1　斯蒂芬的认知地图

## S 大声说出令你自豪的事

想出三件令你在生活中感到骄傲的事。何时何事并不重要，重要的是它们能够让你由衷地感到自豪。你毋须理会他人如何看待成就，因为这仅仅与你个人的感受有关。仔细思考一下，哪些事能真正令你感到骄傲，给你带来满足感。

也许老师认为你的画作是她最喜欢的，或者你就时下的热点事件接受了新闻媒体的采访。也许你看到公交车上有人被欺负便挺身而出，又或者你把自己的围巾送给路边无家可归的流浪汉。无论这些事由你独立完成，亦或与团队成员协同完成都无关紧要，最重要的是，它们令你感到十分自豪。

请你把想到的事情记录下来，并在每一事件下方标注，你具体做了些什么，其中最令你感到骄傲的是什么，以及当时你有什么样的感受。

如果这些美好回忆仍旧无法使你感到骄傲和自信，那么，你就要继续挖掘回忆里其他令你感到骄傲的事。

## S 你的“优点”记录单

你已能勉强承认自己或许没那么差劲，自我感觉也正逐步向好的方向发展。对你来说，现在正是关注自身优点的绝佳时机。下一步，把你能想到的关于自己的正面信息尽量多地记录下来，包括你积极的性格特征、自身的优势、才华，以及所取得的成就。你可以将其写在笔记本上，也可以记在手机里，总之，要选择那些方便随时记录和查阅的工具。这样的话，一旦你有了想法，便可迅速记下，以免遗忘。

当然，你也毋须太过匆忙，可以多花些时间认真完成这个清单，使其尽量全面丰富。只有两三件事情可是行不通的。起初，你内心也许有少许挣扎，感觉无从下手，但请相信，除你之外任何人都不会看到这份清单，所以你可以实话实说。不用担心，你绝不会因此变得骄傲自满。

请不要轻易忽略任何微小的念头，同时也不要让自己内心的法官嘲笑和轻视你所做的事。它很愚蠢，不用理会。

你要记住：没有人能在所有的时间内都做到最好。

我们都只是普通人。因此，如果你认为自己总体上是个勤奋的员工，那么哪怕曾经有过一段时间，你因为家里有困难，连续几天早退，也请不要太介意，你仍然是十分勤奋的，把这一项记下来。

如果你正在为不知写什么而感到纠结，不妨回答下面几个问题，也许可以借此找到灵感：

- 我希望我是谁？
- 我擅长什么？
- 我有哪些积极的性格特质？
- 我有哪些技能和天赋？
- 别人说他们喜欢我身上哪些方面？
- 人们曾给过我什么赞美？
- 我是怎样克服困难的？
- 近期我曾与他人有过哪些积极的互动？为什么这些互动是积极的？
- 我欣赏他人的哪些品质，有哪些品质我自己身上可能也有？

喜爱阅读，有艺术天赋，组织能力强，坚定，坚强，风趣，擅长运动，经常旅行，有冒险精神，富有同情心，有政治觉悟，知识丰富，富有创造力，友善，有鉴赏力，刻苦，谨慎，热情，宽容，深思熟虑，主动，责任感，宽宏大量，温柔，厨艺高超，乐于助人，关心家事，重视友谊，精通音乐，喜欢户外运动，有教养，注重实际，时尚，电脑操作熟练，守时，善解人意，虚心，好客，耐心，守秩序，有说服力，足智多谋，真诚，严谨，敏感，有忍耐力。

为所有优点逐一找出例证需要耗费大量时间，但这种付出是值得的。这意味着你正在给予它们应有的关注，也意味着你正迫使自己从心底接纳一个这样的你。

## 接纳你的优秀品质

你的日常行为体现出这些优秀品质时，你首先要懂得识别它们，而后认可和接纳这些优点，因为它们原本就属于你。

- 一旦你表现出这些优良品质，请务必即刻记下，否则过一会儿你可能会忘记或者干脆将其忽略。例如，你在路上追上前面那个人，把他掉的钱包还给他。如果你没有及时记录这件事，四小时后，你很可能认为“其实这也没什么大不了”。而事实上，这非常重要，不要对此不屑一顾。最后，你要保证每天至少写下三件事：

星期一：诚实——承认自己在工作中犯了一个错误
　　　　有趣——把妹妹逗得很开心
　　　　高效——提早写完报告

- 你要把这张“优点”清单放在随时能看到的地方，以便时常提醒自己关注自身的优秀品质，并借此在接下来的一天中鼓舞自己。
- 哪怕你认为自己只是做了一件小事，也要及时对自己提出表扬。不要妄图等待什么惊天动地的大事，不要等“大事”发生才舍得给自己一些鼓励。

- 你会很快习惯于关注自己的优点，也会发现每天记录四五件事其实十分轻松。这确实是一种进步——当你第一次捧起这本书时，可曾想过你每天竟能写下这么多有关自己的好事？
- 每晚睡觉前，重温你所写的每件事，诚心接受它们。这些事的确发生过。你已将它们记录在案，便不可再拒绝！

一周后，再次回顾你的“优点”清单。如果他人具备其中所列举的品质和技能，你会如何看待他们？你认为自己会喜欢他们吗？你认为他们应该感到自信吗？如果他们说自己十分自卑，你会怎么想？你一定会认为他们疯了。当这些优点白纸黑字地呈现在你面前，会令你彻底明白：你应该为自己感到骄傲，你能够应对生活强加给你的一切难题，你也一定可以真正做出改变。

这是一项需要持之以恒的任务。你应使其真正融入你的生活，直到你感觉更加自信，自尊也得以提升为止。长期以来，你总在生活中搜罗各种各样的证据来证明自己的不足，因此，你需要真正接纳你写下的这些优点,这件事绝非一朝一夕可以完成。所以，你应坚持记录自己的“优点”，它们便会逐渐渗进你的血液，深入你的骨髓，成为你生命的一部分。

## 温馨提示

√ 相比那些“传说中的”缺点，你应该对自己的优点给予同样多的（最好是更多的）关注，这样才算公平。这种做法会极大地提升你的自信。

√ 别再对自己抱有偏见，这也许不可能一蹴而就，但只要你关注那些足以反驳它们的证据，你对自己的感觉很快就会好起来。

√ 接受赞美是形成自我信念的重要一环。

# 07 以行动彰显自信

呈现出自信的姿态亦会令你感到信心倍增，反之亦然。哪怕你只是伪装，表现得胸有成竹也是激发自我信念的不二法则。在本章中你将学会如何使自己看起来好像信心十足，并由此体验到自信。

## 扬起你的头

如果你心中对本书此前讲授的所有策略已全然接受，我敢说你的思维和情绪已远比短短几周前更为积极。而且，如果一切朝着理想的方向发展，你的行为及外在表现也必将有所改善。

思维与情绪的生理表征是一种非言语线索，人们正是通过它们进行人际沟通。也就是说，我们仅凭他人的面部表情、站姿、身体运动和姿势等，即能“读懂”他人内心的思想与情感。虽然这些线索有成千上万种难以察觉的微妙变化，但明显的变化也同样很多。假如你感到十分生气，你可能会皱起眉头、咬牙切齿、绷紧下巴，或者攥紧拳头；假如你产生不安全感，你可能会啃咬指甲、环抱双臂、耸起双肩，或者瑟瑟发抖。然而，如果你感觉自信，你则可能放松双肩，挺胸站直，并把头高高扬起。当然，你也可以表现得更加自信，例如，不交叉手臂，走路时不拖拖拉拉，不沉默寡言，也不躲在桌子底下。

你若内心感到信心十足看起来就会胸有成竹，那么，学习如何表现得胸有成竹（哪怕只是伪装），同样会让自己信心百倍。这一作用是双向的——有些类似于你设法让自己微笑，心情也会跟着愉悦起来。发表在《欧洲社会心理学》上的一项研究表明，相对于坐在椅子上低头垂肩、无精打采的被试，那些坐姿端正的被试，可能会更自信地写出自己能做的事。他们同时发现，即便在社交情境中，身体姿势也有助于构建自信及力量感。

如果你表现出才华横溢的一面，人们好像也更能信任你。就如同，你也许会小心翼翼地接触那些看上去极为紧张或愤怒的人，却乐于与那些看上去坦率、易相处且满怀信心的人交往。其实你也可以成为那样的人。假如你看起来也是那般模样，你的行为和感受亦会如此。

## 外表的魔力

我们做了一个调查，想了解人们认为哪些因素可以使某人看起来自信或者不自信。现将调查结果简要摘录如下：

缺乏安全感的人有哪些表现：

<table>
<tr><th>身体语言</th><th>外表</th><th>行为</th></tr>
<tr><td>• 缺少目光接触<br>• 眼睛盯着地板<br>• 耸肩弓身<br>• 嘴角下垂<br>• 肌肉抽搐<br>• 目光游移不定</td><td>• 穿着邋遢<br>• 穿黑色或者肥大宽松的衣服<br>• 不修边幅<br>• 看起来不舒服</td><td rowspan="3">• 握手时软弱无力<br>• 犹豫不决 / 不善决策 / 不断改变主意<br>• 不能坚持自己的立场<br>• 不断道歉<br>• 过度自我标榜或者过分自谦<br>• 恐慌和焦虑<br>• 步伐慌乱地疾走而不是风风火火或大步流星地前行<br>• 不表达自己的观点<br>• 缺乏主见，人云亦云<br>• 待在不显眼的地方，或躲避众人（要么在他人身后，要么靠近门边或角落）<br>• 即使在室内也不脱外套，好像随时准备离开</td></tr>
<tr><th>特征</th><th>说话方式</th></tr>
<tr><td>• 沉默<br>• 羞怯<br>• 自我批判<br>• 迟疑不决<br>• 盛气凌人<br>• 自我标榜</td><td>• 磕磕绊绊、结结巴巴<br>• 吞吞吐吐<br>• 语速过快或过慢<br>• 大喊大叫以图得到回应</td></tr>
</table>

充满自信的人有哪些表现：

<table>
<tr><th>身体语言</th><th>外表</th><th>行动</th></tr>
<tr><td>• 开放的身体姿态（不交叉双臂或者设置“身体屏障”）<br>• 良好的目光接触<br>• 站立时挺直腰板<br>• 挺胸抬头<br>• 双肩放松并向后打开</td><td>• 穿着体面<br>• 精心打理<br>• 看起来很舒服</td><td rowspan="3">• 步伐坚定<br>• 表现得有掌控力，行事不慌乱<br>• 行事果断<br>• 行动力强</td></tr>
<tr><th>特征</th><th>说话方式</th></tr>
<tr><td>• 诚实<br>• 自我肯定<br>• 不过分自我标榜<br>• 博学多才<br>• 发自内心的感到愉悦<br>• 自在放松<br>• 通情达理<br>• 友善</td><td>• 清晰<br>• 语调平和<br>• 经过深思熟虑</td></tr>
</table>

## 尴尬的试镜

马克计划参加一则汽车广告的试镜，然而他却不晓得为何还要费心准备，因为他认为自己根本不可能得到这个机会。为了向自己和他人证明他满不在乎，马克故意穿了一条最旧的牛仔裤和一双最破的运动鞋。其他试镜者看上去显然比他更有经验，外表也更出众，那还有什么必要去努力争取呢？他甚至在角落里认出了一个参演过英国广播公司（BBC）获奖剧集的青年演员——好极了。他觉得自己这次依然难逃被拒绝的厄运，听到两周内连续第六个“不用了，谢谢”。这究竟是怎么了？马克匆匆瞥了一眼身旁试镜者手中的脚本，感到胃突然抽搐了一下。他们两人的脚本竟然不一样。他左右察看，发现其他人排练的脚本都与自己的不同。马克给身旁的试镜者看了自己手中拿的那几页，那人表示，他从未看过这些内容。这到底是怎么回事？还有比这更糟糕的吗？

当轮到马克试镜时，他拖着脚步踱进房间，手不住地抖。他结结巴巴地说：“我，我拿到的脚本是错的”，而后便不由自主地摆出一副防卫的姿态，将双臂抱在胸前。在他面前那个大得吓人的桌子后面坐了三位面试官，其中一位对他说：

“哦，别慌。我们会再给你一份新的，你尽自己最大努力吧”。

马克一把夺过新的台词，呈现了此生最差劲的一次表演。应该说，对任何人来讲都是最差劲的“表演”——他甫一演完便气势汹汹地走出房间，甚至连一句谢谢或再见都没说。

图 7.1　马克的认知地图

在经历了如此多的拒绝后，马克的自信心无疑备受打击。然而，即使只是装装样子，只要能表现得十拿九稳，依然可以令自己感到信心百倍。

当马克决意不修边幅地参加试镜时，其实就已经让自己陷入了一种“见鬼去吧”的防御性心态中。当他随后发现自己竟然拿到了错误的脚本，他的一言一行及身体语言都显得十分气愤、不自信，并且拒人于千里之外，而马克也因此切实感受到了不自信、愤怒。最终这演变成一个自我应验的预言。

如果马克能尝试改变，至少让自己看起来信心十足，事情可能就会大不一样。假如他试镜前能花些心思打理自己，就会对自身及其所呈现出的外在形象感到更加满意，也不至于仅仅因为其他人的外表而过早判了自己死刑。即便后来意识到自己的脚本有问题，他也可能会冷静得多。他会坚定地走进试镜的房间，向面试官们解释这一突发状况，并征询能否表演他手里这个错误的脚本，这样便可向面试官们展示自己对于熟悉的台词处理得如何。而后，他可以提议再表演一下之前没准备过的那个正确的脚本，以证明自己通情达理、有能力，而且处变不惊。当选角代理人面对一个非对抗性的、放松、自信的面试者，而不是一个怒不可遏的人时，他们也更有可能采纳这一建议。假设马克在试镜时更注意自己所传递的非言语信息，他的认知地图可能会像下面这样：

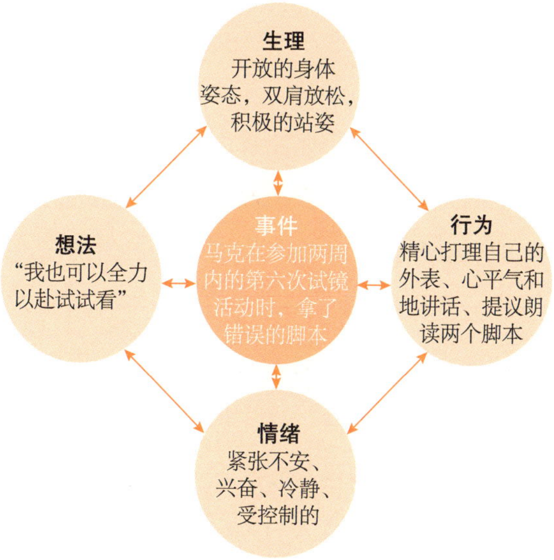


图 7.2　马克新的认知地图

## S 绘制一张“表现自信”的认知地图

想想最近一次你切实体验到不安全感的经历，绘制出相应的认知地图，帮助自己对整件事进行梳理，思考一下自己当时的情绪、思维、生理反应和行为分别是怎样的。

接下来，想一件令你真正感到自信的事，再绘制一张认知地图。

比较两张认知地图，你能看出其中的差别吗？是的，在行为及生理反应上散发出自信的气息，会使你的思维和情绪变得更加积极。自信的表现不仅会影响到你如何看待自己，亦会影响到他人如何看待你。有研究表明，人会在五秒钟内对一个陌生人产生第一印象。综上所述，在你的举手投足间做出改变，可以让你看起来更自信、感觉更自信、行为表现也更为自信。这是一个简单易行的方法。

## 莫要随意说抱歉

低自尊的人会发现自己总在不停道歉。很显然，有些时候表达歉意是明智且必需的（当你有错在先、做了一些让自己后悔的事，或者表示哀悼之情）。但是，如果你总是毫无理由地道歉，无疑会削弱他人对你的信任，自己也变得自轻自贱起来。而导致这一切的罪魁祸首正是你的消极自动思维，例如，“我是荒唐可笑的”“我正在破坏这一切”或者“我要为自己求得原谅”。最终你会完全无理由地说抱歉，这意味着对于任何与你交谈的人，你都会表现出自己不如他们，由于你看起来可能非常尴尬，这种“低人一等”的想法即会以一种道歉的形式表达出来。

### 那些与道歉有关的伤心事

安娜的生活似乎总在自我贬低与不断道歉中度过。她的工作很好，感情生活也很稳定，但不知怎的，她总认为自己有过错。这种想法难以撼动。一旦自己说错话或者出了丑，她总会特别在意。

安娜从未忘记曾经有人说她是个谈话终结者。她非常害怕打断别人，或者惹人厌烦。她脑海中的那些消极自动思维（诸如“你令人如此不快，”“你每次都会毁掉一个笑话”以及“每个人都觉得你让人很尴尬”）总是挥之不去。虽然她不想让大家以为她不断道歉只是为了求得他人的安慰，而实际情况却恰恰相反。最终她在与人交谈时表现得越来越畏缩，总是躲在不显眼的地方，也从不把自己的想法表达清楚。

安娜的朋友建议，在她下次预备开口说抱歉之前，应该先花些时间认真考虑是否有必要这么做。她是做错了什么吗？还是在表达哀悼呢？如果没有，那就不应该道歉。

安娜采纳了这个建议。有一次，她的朋友说自己无法出席她家的晚宴了，就在安娜刚要为此表达歉意时，她及时制止了自己。这并非她的错，不是吗？所以她转而说："嗯，没关系。真是太遗憾了。下次有机会再来玩。"说完这些，她感觉肩上的担子似乎轻了很多。

## S 道歉的原则

- 如果你做错了事、伤害了某人的感情，或想要赔罪，你应该道歉。
- 吊唁时可以表达歉意。
- 不要为正确的事而道歉。如果你是对的，则不必为了给对方留面子，而略带窘色地说"对不起"。即使不这样做，你看起来依然很周到。
- 不要为表达自己的看法而道歉。"很抱歉，但是我认为……"为什么你要为"你认为"的观点而感到抱歉呢？没有任何人会为自己的想法而感到抱歉，你为什么要这样做？这样只会让人感觉你的观点缺乏说服力。
- 不要为寻求帮助而道歉。寻求帮助并非过分的要求，但总是表达歉意，就会令你所有的需求都好似沉重的包袱，然后它们就真的成为了别人的包袱。你应该试着换一种更积极、更让人愉快的方式，例如，“你能帮我……吗？因为这方面你真的很厉害！”

## 改变衣着，扭转印象

无论你对服装或款式有怎样的见解，你的穿着打扮都能反映出你如何看待自己，以及你希望他人如何看待你。你在工作场合及社交场合如何穿戴，也是你所能传递的最明显的非言语信号之一，这与你是否关注最新的流行趋势并无关系。

每个人都是独特的个体，如何穿着打扮也没有一定之规。无论你穿什么，自己感觉舒服才是关键。假如你正受困于低自尊，对自己的外表感觉舒服会使你更加自信。同时，适应场合的穿着也会使你避免陷入尴尬或者感觉格格不入。如果你是一个缺乏安全感的人，穿着牛仔裤运动鞋出席一个要求穿晚礼服的正式社交场合，或者西服革履地去听一场轻松随意的演唱会，无疑都会加剧你内心的恐慌。

由于你无意吸引他人的注意，便只好把自己隐匿于宽松肥大的衣服里，如果你有这样的倾向，不妨考虑做出一些改变。无论你的身材如何，总会有衣服适合你，让你感觉更舒服。你可以找一个朋友或请一位私人购物顾问（很多商店和百货公司都会免费提供这种服务），让他们陪你试穿一些平日不太敢尝试的服装，略微突破一下自己的着装风格。

突破一贯的穿衣风格会令你感到自己很勇敢。这并非要你穿什么奇装异服，比如在蓬蓬裙内套上皮裤，然而，假如你总习惯于一身黑，则只要为自己的衣橱增添一些色彩或样式，就足以让你感觉良好，因为你已完成了一些不同寻常的事。

## 无须比较外在表现

永远记住其他人和你一样缺乏安全感。既然你对非言语线索的认识已更加清晰，也就能从他人身上追踪到它们的痕迹，并以一个局外人的眼光来评估线索传递出的信息。你会意识到，也许你误会了他人身上的某些表现——你原本认定这意味着自己留给他人的印象不佳，而实际上则是他们自己紧张的结果。而这些表现，你先前可能也有。举例来说，如果杰克从不直视你的眼睛，看起来像是在躲避你，我们几乎可以肯定，这绝不是因为他不喜欢你，而是由于他害羞，且遭受着与你相同的恐惧。

事实上，人们大抵都是以自我为中心的。我们严格地审视自身，却决计不会对他人这般用心。翻阅照片时，我们很可能会花更长时间细细品评那些有自己的照片，其他则匆匆略过。人们会更多地评判自己是什么样子，而不会太在乎其他人。如果你对于做出改变感到胆怯，那么请牢牢记住这一点。

## 比较引发的危机

将自己与他人进行比较是件很自然的事。适者生存的法则从我们的穴居祖先那里一直延续到在现在，依然十分盛行。这是我们人类衡量成功的方式，亦是驱使我们获得成功的动力源泉。然而，当我们体验到不安全感时，这种比较更可能具有消极意义，令你不断发现自身的不足。这恰恰会加剧你的自我怀疑，甚至可能诱发更为复杂的自卑情绪。不幸的是，在如今这个“需要24个小时都睁大眼睛”的社会里，那些流行文化所定义的“令人梦寐以求的”形象，持续不断地对我们进行着视觉轰炸。虽然这些形象在不断变化，但它们传递的信息却与我们的生活紧紧相随。当你承受着低自尊的困扰，你会发现几乎到处都充斥着足以令自己自惭形秽的“完美”形象：在广告里、在电视节目中、在那些八卦网站上，等等。然而你却能够自主选择如何加工和处理这些信息。其实在理论和现实上你都很清楚，那些出现在广告和电影里的人，他们的荧幕形象与其真实生活中的样子差别很大。在生活中，他们只是卸下妆容的演员，私人健身教练，以及随叫随到的寿司师傅。一切都只是海市蜃楼般的幻象。

当你下次再对自己和他人进行这样消极的比较时，让自己停一下，找一个相对平衡的视角来看待这一切。你对自己公平吗？你知道事情的全部吗？那个站在前台的爱玛，外表看上去总那么无可挑剔，实际上却很羡慕你的工作。你的朋友尼克非常机智幽默而且总是表现得信心十足，但你知道，其实他面对陌生人时心里非常紧张。我们并不是说你应该刻意寻找他人的缺点，而只是想告诉你，在你把他们当作偶像膜拜之前，至少应该对自己公平一些。

## Ⓢ 改变外在形象

你应该开始在日常生活中表现出那些能够体现自信的身体语言和行为举止。这非常简单——每当你注意到自己正环抱双臂，无精打采地站着，坐立不安或慢慢踱向门口……让自己立即停下来。放松肩膀，并微微向后拉、抬高下巴、放下胳膊、挺直腰背。记住，要与他人保持目光接触、面带微笑、说话清晰、不疾不徐。想想你穿了什么，是否愿意尝试做些改变。如果你总是一身休闲打扮，不妨给自己买几双时髦漂亮的鞋子，或来一条短裙。如果你总是穿得很正式，不妨尝试穿一穿牛仔裤。

虽然对你来说，这些改变看似非常重大，但对其他人来讲，却没有什么骇人听闻或不同寻常之处。他们并不会拿着大喇叭到处广播，“卡莉十五年来第一次穿短裙！大家快来看啊！”他们只会说“裙子很漂亮”，并且你也会感觉很棒。如果你需要增添一些动力，你可以应用第 4 章中所介绍的想象策略，去描绘一个最好的自己。想象一下这样的你应该如何站立、走路，甚至是说话。而后去把这一切变为现实。

## 温馨提示

√ 身体语言的微小变化，不但会使其他人对你的看法产生巨大的改观，也会使你对自己的看法产生很大的改观，这才是最重要的。

√ 表现出信心百倍的样子会令你真正感到自信，反之亦然。

√ 你的穿着打扮、举手投足、行为举止都能反映出你内心的自信水平。

# 08 如何获得社交自信

当一个人对自己缺乏信心，就会不可避免地在职业领域及社交场合对人际交往心生畏惧。本章内容将主要集中于如何在人际交往中放松自己，令自己感到游刃有余。

## 社交自信

如果你缺乏自信，社交场合往往会使你不寒而栗。本该轻松有趣的一些事情，却令你望而生畏，唯恐避之不及。这种情况不仅仅局限于个人生活层面，在职场中亦是如此。你惧怕被评判，惧怕达不到心中预先设定的那个不切实际的行为标准，这意味着你还未曾失败，就已经感觉自己像是一个失败者。实际上，你在自己身上投注的精力愈多，就愈难与其他人打成一片，最终你的表现也会恰如你所担忧的那样——害羞、冷淡、无所事事、漠不关心。

你过于担心自己表现出焦虑的一面，乃至于你身上所有自信的痕迹都因此吓得落荒而逃。

置身于如此巨大的压力之下，意味着在活动中你会非常紧张。对于自己将给大家留下何种印象，你深感恐慌，这使你对自己的表现及他人的回应都变得过于敏感。你渴望展现出淡定、放松的一面，但你的焦虑使这一切都化为泡影。

这种担忧同样会影响到你的行为。你可能会事先准备好自己要说的话，因而，你的谈话会稍显正式和不自然。一旦话题突然转到你未曾预料的方向，就难免令你感到措手不及。或许，你可能会用夸夸其谈来掩饰内心深处的不安全感，而实际则给人留下十分粗鲁及出言不逊的印象。你也不大会与身边的人进行交流，这会使人产生误会，认为你其实并不在乎他们要说些什么。

## 社交中的三个误区

那些社交困难者通常认定，他们必须遵守特定的行为方式才能更好地“融入”周围环境。下面我们列出了社交中最常见的三个误区。它们常常萦绕在低自尊者的心头，挥之不去：

1. 标准过高："我必须时刻保持风趣、幽默、机智和迷人。我必须总能讲一些有趣的事情，我决不允许自己对他人谈论的话题一无所知。"

2. 表现焦虑："我不能表现出任何弱点（我不能让自己看起来很紧张或者很焦虑），否则人们会认为我很古怪或很愚蠢，我也不能太沉默寡言，否则人们会觉得我很无趣。"

3. 消极的自我信念："我不能让任何人感觉到我在装样子，否则他们会推测我实际上很怪异、无趣，而且讨厌他们。"

## 奥利弗的个人脱口秀

第一次与女友的朋友们见面，奥利弗感到十分紧张。他来到酒吧，先跑去洗手间，花了十五分钟对着镜子给自己打气。"不要紧张，"他命令自己，"给他们讲讲前几天听到的那个笑话，保证他们会喜欢。”

奥利弗走出洗手间，与大家坐到一起，聊起天来。每个人看起来都十分和气，但很快二十分钟不知不觉地过去了，他意识到自己仍然没有真正参与到他们的谈话中来，他没说出什么让人印象深刻的话，只是时不时地来上一句“是的，没错”。“他们对我的印象一定很差”，他想，“他们肯定觉得我很无趣。”而后，奥利弗做了一番幽默的评论，打断了那个正在讲话的朋友。大家都笑了。紧接着，他迅速调转话题，讲了一个很有趣的故事。他确信那个故事大家一定会喜欢。事实也的确如此。他很是走运！很快，奥利弗又讲了一个故事……又讲一个……随后他又点了一杯喝的，也不管下一轮是哪位朋友请客（注：按照惯例在酒吧里每个人都要轮流给同伴买酒）。

他甚至没有意识到，当同伴们发表意见时，他根本没给其他人说话的机会。因为他正忙着准备之后要说的话，所以压根没有仔细听。

奥利弗的认知地图如下所示：

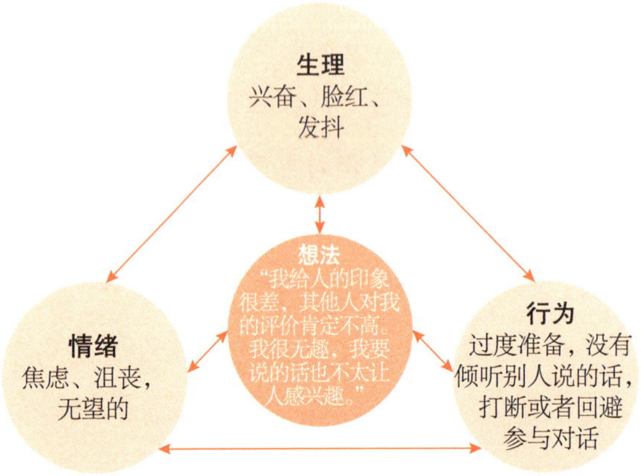


图 8.1　奥利弗的认知地图

拥有社交自信意味着，在与他人相处时，你会感到如独自一人时那般轻松自在，也就是说，你不惧怕犯错误。在与恋人的朋友们初次见面之前，你感到十分紧张，这完全是正常反应，大家都可以理解。就算你有些少言寡语，或者讲了个很冷的笑话，他们都不会太介意。他们真正介意的其实是被你打断和漠视。

## 关注身边的人和事

倘若你与他人一同外出，却始终沉浸在自己的世界里，那倒不如从来都没有出现过。你不停地琢磨着怎样才能让自己表现得不那么差劲，不断地倾听内心消极的自我评论，而实际上，正是由于你对身边人的漠视，才使事情变得一团糟。如果你压根没搞清楚状况，又如何努力变好呢？这实则是一个恶性循环。

不要囿于自己的思维，多多关注身边的人和事，你对参加社交活动便会感到信心倍增。这真的就那么简单。

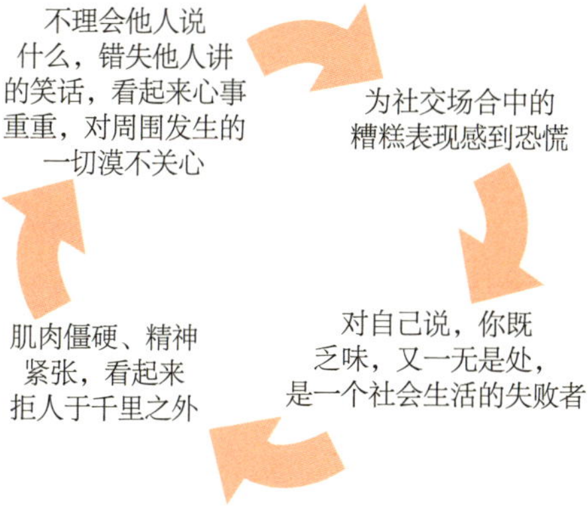


图 8.2　思维的恶性循环

## S 倾听

当你日后身处社交场合时，一旦发觉自己正纠结于给别人留下了怎样的印象，无论你之前做过些什么，讲了诸多趣闻也好，令人感到乏味也罢，你都应该立即停下来，遵照以下原则继续：

- 真正关注身边的人在说些什么。不要总考虑自己，也要多想一想他人。
- 像你希望别人如何对待你一样对待别人（这确实是老生常谈）。如同你担心自己在社交中表现得很无趣一样，别怀疑，其他人也一定这么想自己。假如你开始表现得异常活跃，他们就会感到焦虑万分。
- 毋须再三思量自己想说的话，相信自己的判断。尽管你并没打算过分地展露自我（注：将与个人生活相关的事情不适当地披露给他人）或吹嘘显摆，但也不必害怕加入讨论，表达自己的观点。
- 做自己就好。不要为了想显示自己很聪明而感到发愁，也不要为了想在所知甚少的领域充当内行而感到担忧。假如你担心自己看起来像个冒牌货，可能因为你根本就是在装模作样，所以，不要这样做。

- 记住，时间久一点，你的紧张和焦虑自然就会消失，所以，半小时或一小时后，你应该比初来乍到时更感到自信。

## 别试图取悦每个人

你不可能取悦每一个人。你总会与一些人相处融洽，而对另一些人则很难做到这一点，这并不代表你或他们有什么不好。生活之道原本如此。我们总会与一部分人更有共同语言，也更合得来。诚恳待人可以使人感受到你的热情。但是，妄图与所有人成为好朋友，则会令自己疲于应付。最终，你留给每个人的时间都非常少，而不是有充裕的时间与三两知己相处。此外，持续下去，这样的交友方式会逐渐削弱你的自我信念，因为你会不由自主地质疑自己究竟是谁，到底应该成为怎样的人。不仅如此，其他人也会对你产生疑问，你会揣摩他人的心思，永远只说那些你认为别人想听的话，这看起来多少有些缺乏诚意。你应该对自己的观点满怀信心才是。

你的所思、所想、所言、所议皆有价值，如果你能早点接受这一点，你在社交活动中便会很快感到轻松自如起来，与你真正喜爱的朋友开启一段美好的相处时光。

## 针对酒精与毒品的大辩论

酒精与软性毒品看似可以快速缓解你的紧张情绪和提升安全感。它们能在数小时内解放你的舌头，为你提供貌似必需的强大动力。而后，你将无可避免地陷入崩溃或内疚的宿醉之中。

对于那些缺乏自信的人来说，酒精与毒品只会加重其问题，令他们陷入自罪的恶性循环，难以自拔。你的行为举止会变得异常夸张，仿佛打了鸡血一般。你开始相信，酒精与毒品是令你感到快慰的原因，所以你愈陷愈深，欲罢不能。很快你便坚信，酗酒与服用软性毒品才是唯一能令你自我感觉良好的方式。鉴于这已成为你构建自我信念的基础，也就必然会导致你对它们的依赖。假如你对以上描述感到熟悉，希望你在阅读本书的这段时间内，能够不再酗酒和服用软性毒品。你要向自己证明，没有它们，你依然可以过得很快乐，你的自尊也会因此得以提升。

## S 听听别人在说什么

当你下次再去酒吧或参加聚会时，应该注意听听（隐隐约约地）其他人的谈话。你可以装作漫不经心的样子，偷偷关注一下别人都在说些什么。我敢打赌，十有八九，人们聊的都是些生活琐事。当你为自己不够风趣、机智，或因令人不感兴趣而感到忧心忡忡时，你会想当然地认为，其他人一定都在进行有生以来最棒的一次谈话。诚然，有些人天生就是讲故事的高手，有些人总能令大家捧腹大笑，有些人则与任何人都能搭得上话。尽管这些都是非常了不起的才华，但同时也都颇为少见。大部分人都只是在进行着非减压性的闲聊，或许关于天气，或许关于周末的出行计划，又或许是关于正在热播的电视节目。真真切切地听到这些能够使你彻底醒悟，并非所有人的谈话都是荣获金奖的喜剧，或是唇枪舌剑的政治辩论，所以千万不要再为你的普通而怪罪自己。

## 讲话其实很简单

在探知其他人的谈话内容后，你应该不会像以往那样，再为炮制滑稽趣闻以备不时之需而感到压力重重。你也应该明白，人与人之间其实大同小异。每个人都希望别人觉得自己有趣，也希望得到别人的喜爱。因此，如果你显示出对其他人的兴趣，对方也会这样回报你——礼貌在社交中是极其重要的。不过，为了让你那扭曲的意识确信这一点，你尚需获取一些证据。

## Ⓢ 做一个喋喋不休的话唠

你对于在公开场合或社交场合讲话心怀恐惧，若要克服这一障碍，最好的方式之一，就是养成畅所欲言以及与陌生人交谈的习惯。在接下来的一个星期，我们希望你能华丽转身，蜕变成一个喋喋不休的话唠。

1. 从小事做起。每天都对别人说“你好”或者“早上好”——陌生人或熟人皆可。他们可以是任何人，比如商店里的一个小孩、一名公交车司机、一个邮递员，或者你的某个邻居。我们的要求只有一个——说话时面带微笑。你无须理会他们是否回报你同样的问候。不用过多地考虑这些，只要让自己养成习惯就好。

2. 当你适应了每日的简单问候，便可以把问候的对象扩充为两个人，并且将对话的长度增加为“你好，一切都好吗？”你可能会十分惊讶，人们对有人关怀自己竟然感到如此开心。

3. 与一位久未联络的朋友取得联系。你既可以给他打电话，也可以约他出来见面，只要确保你能与他本人讲话即可。在如今这个时代，人们太容易把人与人之间的沟通转移到虚拟世界，那些我们原本很了解的人都“降级”为仅限于 Facebook 和电子邮件中的“好友”。你们也因此失掉了面对面交谈时的那种亲密。对于应该如何回复信息，你会习惯于细细思量，从而失去了闲聊式的自然率性。在网络中，信息所传达的语气也很容易被误读，这会导致人们产生大量自信方面的问题。而对话则会使这种个人的情感联结得以再度显现。

## 社会比较带来的危机

在第 7 章中我们曾经提到，在生理层面和他人进行比较会给你带来很大的伤害。同理，当我们在社会层面与他人做出比较时，也会带来极大伤害。

你会有意拿自己最不好的一面，同其他人最好的一面进行比较。你会认为，“伊娃比我风趣多了，我就从来没让大家那样笑过”，而不会想，“伊娃真的把我逗笑了”。没错，她是有幽默感，但这不代表你就没有，她并未尽揽房间里所有的“趣味”。

与其把他人的优点当作自己的缺点，还不如把它们当作一种启发和激励，例如你可以想，“伊娃很幽默，她看起来很喜欢我，这令我感觉不错”，或者“伊娃不在乎其他人是不是爱听她讲的笑话，所以，也许我也不应该太在意？”或许，更好的做法是，压根不要拿自己和别人比来比去。每个人都是与众不同的。你也一定拥有一些令人羡慕的东西，做过一些值得称道的事情，或者说过令人钦佩的话。所以，做你自己，欣赏他人，这样就好。

## 做一个演讲狂人

无论你是在工作中做一个报告，还是在婚礼上进行一番演说，当众演讲都足以令一个信心十足的人变得焦灼不安。你感到自己仿佛赤裸裸地暴露于人前，骇人的恐惧令你对听众的意图产生了可怕的臆想：“那个穿着涡轮花纹针织套衫的傻瓜正等着我冲上台去呢”。当然，这一切都是无稽之谈，但是，当你处于那种思维模式之中，便很难跳脱出来。

当你在众人面前演讲时，一定要记住下列要点：

- 每个人都希望你表现得出色，没有人会为你的失败鼓掌叫好。总的来说，人们都是十分理性的，大家都会对你的紧张表示同情。
- 没有人会特别关注你的外表（无意冒犯）。人们期待你的发言有趣，没有人希望演讲很无聊，所以他们不会研究你做了什么发型，而会专注于聆听你所说的话。

- 如果你出现了失误，谁会在乎呢？当你上次听报告的时候，你会总想着演讲者说错了个把单词吗？或许你早已忘得一干二净了。

当众演讲的成功秘诀在于准备与练习。对你的演讲了若指掌，你才能对自己所要传达的内容感到游刃有余。不过，注意不要过度准备，否则你的表现就会像是一个机器人——不能对问题做出回应，也不能即兴调整演讲内容以适应现场的听众。

## Ⓢ 不再恐惧当众演讲

无论你面对一个人还是一千个人，这都无关紧要。只要你放慢语速、口齿清晰、简明扼要，就能吸引听众的注意，而做到这一切的最佳途径，就是勤于练习。你可以先从小组讨论开始，大胆地说出自己的观点，克服你对于“搞砸了”的恐惧。在大家面前发言的机会越多，你就越会意识到，偶尔说错一两个词着实无伤大雅。

如果你要发表一次演讲，不妨考虑尝试下面的建议：

- 想象你正与好友们进行交谈。你会怎样展开这一话题，又会说些什么？当你面对一大群人讲话时，也完全可以将他们视为你更大范围的朋友。
- 在你准备的一系列提示卡中，用粗体将一些关键句标识出来。在演讲过程中，你要时不时地抬头看看听众，而当你再次低头看自己的讲稿时，那些重点突出的句子就会一下子吸引你的目光，帮你迅速想起接下来要说的话。
- 训练自己放慢语速、口齿清晰、声音洪亮地朗读全文。有些字句虽然很易懂，但却很难念，因此你必须对自己的吐字发音有足够的信心。
- 不要过分依赖提示卡，这样你才能适时调整演讲内容，以便更好地贴近现场的听众，激发他们的兴趣。锻炼自己每隔三句话看一眼讲稿。之后，你可以继续往下说，也可以稍微停顿一下。
- 无须担心演讲中出现的停顿。放心，实际停顿的时间远没有你想象中那么长，所以，不要着急，从容一些就好。

- 热情是具有感染力的。如果你的讲演激情四溢，听众也会同样热血沸腾。如果你语气单调、声音低沉，就算你说的内容是“接着我成功地避开了子弹，营救了总统”，也不会有人抬一下眼皮。
- 演讲内容要有灵活性。假如你只是刻板地按照既定套路讲话，演讲就很难令人感到轻松且饶有趣味。你完全可以即兴发挥一下，不必惊慌，如果你过于死板，一旦偏离反而很难回到正轨。
- 别害怕出错。倘若你大脑突然一片空白，则完全可以对大家说，“不好意思，请稍等一下，我好像忘词了！”听众不会那么介意，他们会礼貌地笑笑，等你想起接下来要说的话。这不是什么大问题。

## 还原真实

你必须承认，你对某些事情的看法并不完全等同于其他人的看法，也不等同于事情的真相。譬如，你可能会认为自己真的很不合群且缺乏情趣，但其他人则认为你其实很有趣而且魅力十足。你也可能认为自己是个蹩脚的演讲者，但你的上司却认为你表现得从容镇定，表达精炼，十分擅长说服人。你无法完全洞悉别人的内心，因此，想当然地认为他们的看法与你相同，对彼此都是不公平的。

## Ⓢ 记录真相

当你下次外出参加社交活动或者做一个工作报告时，你可以请人帮自己录像。当然，如果是在酒吧，这样做似乎有些怪异。好在，目前大部分手机都自带录像功能，委托一个朋友在晚上随意录几分钟，应该也不是难事。你可以向他们解释，你在做什么，以及为什么要这样做，当然，你也可以故作神秘，说自己只是想看看大家如何度过这个美妙的夜晚。

- 在观看视频之前，请你思考一下，你认为这个晚上你过得如何，或者报告做得怎么样，以及你给他人留下了什么印象。回答下列问题，并以十分制进行打分（0= 糟糕的 / 糟糕地 / 一点也不；10= 极高的 / 极好地 / 非常）。

你表现出怎样的自信？

他人给了你怎样的回应？

你看起来有多紧张？

- 尽量坦诚且不带偏见地观看录像，如同你在看一个陌生人。确保自己的判断完全基于实际听到、看到的内容，而非自己当时的主观感受及认识。现在，对你之前回答的问题重新进行打分。

通常来说，你认为自己留给他人的印象会与现实情况相去甚远。但愿在你实际观看录像之后，你对自己的评价较之前会有所改善。这一事实有力地证明，在你的意识里，你对自己的想象、感觉，以及你对自己留给他人的印象所进行的猜测，均与实际情况不符。其实，除了你自己，没有第二个人知晓你内心的不安全感。

日后，当你再次感到焦虑时，可以回想一下这个练习，提醒自己，你所想象的最坏情况完全是大错特错。你也可以应用第 4 章中所介绍的想象练习来帮助自己，设想一下，最好的自己会有怎样的表现，会如何进行演讲，然后在实际操作过程中模仿这一切。

## 温馨提示

√ 你无须成为脱口秀演员或智力过人的天才，而只需做一个志趣相投的良友。

√ 参与社交活动的关键在于倾听他人以及做你自己。如果你能这样想,社交会变得极其简单。

√ 感到焦虑和偶尔出错是正常的，没有人会注意并介意这件事。

# 09 尊重自己意味着什么

本章内容包括如何善待自己、相信自己的本能，并将目前所学全部应用于实践。你可以做出改变，也可以选择自己想要的生活。

## 善待自己

如同你所意识到的那样，自信总会以各种各样的面目呈现出来。对自己及自身权益负责是建立自信的关键。你必须学会相信自己的判断力和决策力。也就是说，如果你感到自己被人利用或没有被善待，那么事实大抵如此，同样，如果你感觉自己表现出色，就说明你应该确实做得不错。自尊不仅意味着有信心把事情做好，也包括懂得如何从失败中吸取教训，相信自己的本能，以及在需要时求得帮助。

你要学会如何公平地对待自己。长期以来，你一直不愿承认自己所拥有的一些基本权利——做对的权利、偶尔失败的权利、维护自己的权利、放松以及享受生活乐趣的权利。所有这些对于一个充实美满的人生来说都是最基本的。同时,这也是你欠自己的。

由于你不相信自己的直觉反应或决策能力，在此，我们会着眼于一些你可能不愿意碰触的部分。这涵盖了人际关系、接受忠告，以及将你在某些方面感受到的自信迁移到其他可能需要的地方。

## 有害的人际关系

当你尝试一些从未涉足过的领域，得到他人的支持显得尤为重要。研究表明，拥有一个支持性的人际关系网络可以提升主观幸福感，可以为你提供自我价值感和安全感。倘若在你身边，有人无论如何都能关心你、不评判你，这将是极为难得的事，对于提升自尊来说，无疑也有巨大的推动力。

让人备感欣慰的是，虽然你不能选择父母，但尚可选择自己的朋友和伴侣。你应该注重培养有益的友谊和情感关系……同时也应该提防那些有害的关系。

即使珍妮特是你从小的玩伴，也不代表眼下你必须忍受她不断的批评，任由她令你郁郁不欢；即使西蒙与你相恋多年，也不代表你必须忍受他的欺负。那些挫伤你自信心的人都不能算是真正的朋友，当然更不可能成为很好的恋人或者配偶。你要警惕生活中此类不健康的人际关系，给自己足够的底气不再为他们找任何借口。当然，只要你想为他们的行为找借口，就总能找得到，但你非要如此吗？

在工作中有害的人际关系更是棘手，因为你无法选择让老板或同事消失，也不能当面痛斥他们一番。不断地遭受侵害、被忽视，或者哪怕只是感到无力挣脱，都会对自尊产生不良影响。不过幸好，你尚可先发制人，采取一些手段妥善应对生活和工作中这些有害的人际关系。

## Ⓢ 隔离有害的人际关系

假如有人令你感到不悦，且这种情绪的确困扰着你的生活，你就有必要解决这一问题。不要逃避或迟迟不肯面对，那样只会令问题看起来积重难返。你为此而感到烦恼的事，也只会变得更加令人苦恼和心烦。时间拖得愈久，你也愈有可能在某天突然忍无可忍，情绪爆发，说出令自己后悔的话。

**如何对待一个“有毒的”朋友：**

- 就此事与他们进行讨论，安排一次面谈。务必确认是面对面的谈话，因为你无法通过电子邮件读出对方的语气，这样很容易引起误解。
- 心平气和地解释，他们的所作所为为何使你感到烦恼。听听他们会怎么说。注意不要发生冲突。
- 让他们来决定下一步的进展。假如他们从你生活中消失，你可能会更舒心，虽然这听起来很刺耳，但的确是事实。除非他们认识到自己以往的所作所为，否则一切都将照旧。而你实在没必要继续忍受他们的不良行为。
- 如果他们有话要说，那就听听他们打算说些什么。也许，他们也有一肚子不中听的“大实话”要告诉你。而后，你可以决定你们的友谊是否还要继续。要么接着做朋友，要么绝交，一切由你说了算。

- 倘若他们不肯对自己的行为负任何责任，就与他们彻底断绝关系，继续昂首前行。这个“损友”也将不再是朋友了。

**如何对待一个“有毒的”同事：**

- 咨询其他同事的意见。其他相熟的同事也许会对此有较为公正的看法。当你感觉自己遭到抨击时，是很难保证客观的，因而，倾听其他的声音也许能够使你意识到，这只是你在某种情绪化状态下产生的念头。
- 邀请那位同事进行一次面对面的交谈，指出你们之间的问题出在哪里。再一次强调，不要与之发生冲突，也不要对他进行责备（哪怕这一切完全是他的错）。在对话过程中始终保持中立态度，要像这样说话，“我感觉我们好像在一些事情上，看法不完全一致。我们是否能做些什么来解决这一问题呢？”记得要始终说“我们”而不是“你”。

- 如果事情依然没有改变，你可以见你的上级，请求他们的帮助。对他们说，你不知道接下来该做些什么，但依然觉得应该想办法解决这一切。
- 如果事情毫无改善，或者没有人对这件事真正上心，而你又实在忍无可忍，那么，你着实应该考虑辞职了。这个建议听起来有些令人瞠目结舌，但情绪健康的确非常重要，你不该单纯为了工作而将其置于险境。否则你就会质疑自己的能力，最终这种质疑会蔓延至你的整个人生。这是得不偿失的。

## 掌握求助的时机

我们已经在本书的不同章节强调了寻求他人帮助的重要性，在此，我们还要再强调一次。因为你一旦领悟到寻求和接受帮助并非弱点，就一定能走上更加自信的幸福之路。

古人云：尺有所短，寸有所长。假如有人批评你，你应该将批评视为改善与提高的良机；假如有人在某些方面胜过你，你应该将其看作学习与进步的阶梯；假如你没有达到目标，你应该告诉自己下次会做得更好；假如你感到惭愧，进而嘲笑自己，你要懂得，遇见未知亦是成为博学多才者的必需。

做一个假模假式的万事通会给自己带来诸多麻烦。举例来说，假设你因为和上司探讨有关伊朗的政治问题而骗得他的赏识，说不准哪一天，在你向首席执行官汇报工作时，就会再次被问及相关议题，而那时，你则只能支支吾吾像个傻瓜般站在那里。

知之为知之，不知为不知，能做到这一点，才算真的拥有自信。你认为那些富有能力的人总会做出正确的选择，而当事情超出自己的能力范畴，勇敢地承认这一点，恰恰才是最正确的选择。当我们囿于自己狭隘的视野，往往会忽略大局。寻求帮助不会使你成为别人的负担，也不代表你懦弱、无能或比人逊色。相反，这表现出了你极大的勇气。

事实上，寻求帮助与你的个人品格毫不相干——它仅仅说明你在某一特定情形下需要帮助。回想以前有人向你求助的经历，你是否认为那个人很愚蠢或者很可笑？我们觉得你不会。实际上，帮别人的忙反而极有可能让你自我感觉良好。你应该记住，基于自己不知不能的事来衡量自身价值是不可取的，依据自己求知的能力和意愿来衡量才是正道。

## Ⓢ 寻求建议和帮助

让自己养成善于求助的习惯，如此一来，你就可以亲眼见证,其实有许多人是很乐于提供帮助的。下周，我们希望你每天都能找人帮个忙，从向陌生人问路，到向朋友征求工作方面的建议，样样皆可。

如果你迷路后宁肯在街上徘徊几个钟头也不肯向他

人问路，如果你宁肯在某个项目上一错再错，也不肯承认自己陷入困局，那么，你无疑需要多花一些时间才能慢慢适应这个练习。当然，随着练习次数日益增多，你会感觉愈发适应。你会意识到，不会有人因他人的求助而感到愤怒。事实上，99.9% 的人绝对会十分乐意帮忙，他们会感到受宠若惊。在一些对你至关重要的事情（例如，人际关系问题或者工作上的困扰）上，得到他人的帮助亦会让你感觉非常温暖，你无须再独自面对一切。同时，听听他人的意见也能令你跳出问题本身，正所谓当局者迷，旁观者清。

## 向美好的一面看齐

大部分人都会在生活的某些方面感到格外自信，而在其他方面则不然。举例来说，也许你在情感关系上对自己信心十足，但在工作中却未必如此。你和你的伴侣关系非常稳定，相处多年，一直其乐融融，因此，在家里你的自我感觉非常好。然而，你却对自己及自己的工作能力一贯持怀疑态度。这就好比拥有两种完全独立的生活。我们在不同的生活中扮演不同的角色，不同的角色也对我们提出了不同的要求，鉴于此，我们衡量成功与否的标准也截然不同。接下来，我们将传授你一个秘诀，教你如何将自己在特定领域内的自信，迁移到那些你没有把握的地方。

## S 令自信跨越藩篱

当你的自我感觉十分良好时，就会产生自我肯定。你若打算在那些毫无把握的领域提升自己的自信水平，一个最简单的方法是将这种自我肯定的感受迁移过来。以前文提到过的事件为例，当你在工作中感到很糟糕时，不妨花五分钟时间放松自己，回想自己的家庭生活。想象自己正处于最舒适的状态，回忆伴侣曾对你说过的真正令你体验到自信和安全感的话语。当下次你需要为自己注入自信时，让自己回想刚才那一刻的感受。你甚至可以拿一件具有纪念意义的物品放在办公室，比如一张照片，每当需要鼓舞的时候，便可以抬头看上一眼。

## 接纳自我

我们已经强调过很多次，你应该“做你自己”。我们了解，如果你已被低自尊折磨多年，你可能很难确切地知晓“你究竟是谁”以及“你想成为怎样的人”。若要洞悉这一命题的奥义，并非一蹴而就之事，然而，假如你能爱已所爱、专已所长，即是一个良好的开端。由此出发，继续努力。与其思考那些无法掌控的事，还不如集中精力做一些你力所能及之事。你应将自己的缺点视作生而为人的必需，而不将其看成自己有所欠缺的证据，这是获取自信非常重要的一点。

真正地接纳自我，会令你感觉更加怡然自得。无论对自己还是对他人，你都会表现得更为真诚。 由于你一直苦苦追求成为另外一个人，这让你产生了不安全感，而学会真正地接纳自我，会令不安全感随之消失。

对于接纳自我，很重要的一点即认识到无论你天赋有多高、能力有多强，都无法预测和掌控生活中的万事万物。即使是满怀信心的人,也有可能丢掉工作、失去亲人、朋友、爱人，有时甚至失去健康。能够承认这一点才算真正拥有自信，但是你要清楚，即使最坏的情况发生，你也能够处置得当。

## 做你所想

低自尊的一个可怕症状是丧失照顾自己的兴趣，你认为自己不配得到照顾，对吗？当你认为自己不值得，或感到自己很糟糕时，你往往会在生活中表现得很退缩，更少参与各项活动，也从不犒赏自己。然而不幸的是，这样做意味着，那些能使你自我感觉良好，让你自然而然感到愉悦的事情，正一件件远离你的生活。

你完全应该让自己看起来很不错，值得拥有人生的乐趣、享受自己的生活。你应该好好对待自己，为自己的成绩感到骄傲。假如你希望得到他人的关注与信任，你必须首先关注自己、信任自己。若想做到这一切，最简单的方法是把自己摆在第一位、善待自己、对自己好一点。将“我没有时间（做自己想做的事）”替换为“我要尽量安排时间（做自己想做的事）”。如果你确信自己是值得的，其他人也会这样认为。

善待自己同样意味着赋予自己说“不”的权利，允许自己远离那些令你感觉糟糕的事情（类似摆脱一个“损友”）。如果你不喜欢踢足球，但总觉得有某种无形的压力迫使自己这样做，你就不必再踢了；如果你总和朋友们去同一间酒吧，但实际上你却很厌恶那里，觉得令人难以忍受，你大可以建议大家去其他地方；如果你对自己的长发感到厌倦，就果断地剪短它。你要掌控自己的生活，对自己做出的决定有十足的把握。

当开心愉悦的事越积越多，你的情绪也会不自觉地高昂起来，你对自己及生活的感受也会变得愈发美好。假设你所面对的只是需要做和不得不做的事，大概每天清晨，你都会不愿醒来。除了自己的生活自己做主以外，你也要开始享受一下人生的乐趣。

## Ⓢ 强迫自己寻找乐趣

是的，我们要命令你为生活找些乐趣。在接下来的一周，你每天都要为自己安排一些喜欢或乐于参与的活动。把这些事预先写进你的日记,这样看起来比较“正式”，你也更有可能按计划完成它。让自己有所期待，会提高你的动机。你会发现，对于那些不得不做、更难做、更无趣的事情，你也更善于应对了。

下面我们列出了一些可以参考的计划，希望能给你带来一些启发：

- 不妨让自己阿 Q 一下，学习一门新课程，或者观看你最喜欢的电视节目。

- 在一天中抽出一些时间让自己放松。停下手头的工作在露天茶座享用一顿午餐，听听音乐，找个像样的咖啡厅坐坐，浏览一本杂志。
- 进行一些体育锻炼。身体健康对自信能起到极大的作用。运动会使你感到更有活力，也能使你从中获得成就感。
- 尝试一些你一直想要做，却始终没有付诸行动的事，例如，学习写生或者加入一个球队。
- 买一些能让自己感觉良好的新衣服。
- 饮食得当。健康的饮食会减少与贪食或厌食以及自我放纵有关的内疚感。同样，拒绝垃圾食品，你也就避免了任何“耐糖现象”（注：正常人口服或注射一定量葡萄糖后血糖暂时升高，并刺激胰岛素分泌增多，促使大量葡萄糖合成糖原加以贮存，在短时间内血糖可降至空腹水平，这种现象称为“耐糖现象”）的产生。
- 安排时间走亲访友。

## 温馨提示

√ 接纳自己的全部，不管是优点还是缺点，这会令你感到信心倍增。

√ 知晓在何种情况下应该寻求帮助、征询建议，这是一个优点而不是弱点。

√ 确保自己有时间做自己喜欢的事，这自然会令你的心情得以改善。

# 10 有保证的自信

在这一章中，我们会揭示如何建立长久的自信。这很激动人心，对吗？你所要做的一切，就是开始努力奋斗，争取在你个人价值观体系内，达成可以实现的目标。这会使你对自己、对自己的技能和能力都产生更为积极的感觉。

## 抱负清单

恭喜你，在与不安全感进行的斗争中，你已经战斗到最后一关，这实在是个不小的壮举。不过不要担心，我们不会就此把你打发走，一定会为你揭开拥有真正而持久自信的终极秘诀。请鼓掌欢迎……

### 永保自信的最大秘诀

真正的自信源于在个人生活及职业领域感受到的幸福与满足——你需要发现究竟是什么赋予你生命的意义，并努力去争取实现它。

就这样而已。这听起来着实简单得有些令人不可思议，实际上，如何在不知所措中从容前行，是非常令人恐惧的，当然，如果你经历过这一切，就会对此习以为常。解决自信问题的关键在于感到不满足，所以，努力实现你想要达到的目标，会令你的自我感觉瞬间提升。扼住命运的咽喉，获取你生命中欠缺的东西，而不是无助地看着生命流逝，这会令你感到快乐、积极、倍受鼓舞、满怀希望。为了让自己真正自信起来，你要开始思考，在人生中你想要做的究竟是什么，你生活所遵循的价值观又是什么。而完成这一切最好的方法就是给自己列一张抱负清单。

抱负清单实则就是计划，我们只不过赋予这个浅白而老旧的用语了一个更具吸引力的名字。假如你能计划一下一生中想要做些什么事，并为实现目标制订一个方案，你实际做这件事的可能性，就会比仅仅朦胧地想“噢耶，改天尝试一下也不错”强两倍。制订计划会帮你厘清前进的方向，澄清你想专注的事情，让你明白什么才是对你真正重要的。

当你去追求一个目标，你会为采取行动而感到骄傲，同样，你也会感到自信，因为你能够向自己证明，你可以成功地完成一些事情，并无须对未知感到恐惧。目标赋予你使命感以及希望感，你也不再纠结于日复一日令人厌倦的工作。构思一个更大的计划，去创造一个能够实现的有意义的目标，并努力达成，这会令你重新定义自己。可以说，你已经不再是昨天那个混沌的你，而已然成为一个目标明确的人。有大量的研究表明，人们为未做之事感到遗憾的情况远远多于为做过之事而感到后悔的情况。

## 乔的茫然无措

多年来，乔始终受困于一个他认为前途无望的工作中。这份工作毫无上升空间。尽管他曾试图扩大职责范围，加入一些更具挑战性的内容，但经理却打压乔所做出的任何努力，因为担心他会要求升职加薪——公司在这两方面都无法满足他。

乔在个人生活中同样是注定不可能成功的那种人。一年前，他的女友离他而去，他单身至今，他不知该如何再次开始与女生约会。他的几个朋友也因疏于联络，友情渐渐转淡，他也不太确定如何使之回归正轨。

日子一天天地过，乔感觉生活毫无盼头。他唯一特别想去做的事，就是写一本小说，但他从未接受过正规训练，多年来连一张明信片都没有写过，哪怕只是想一想，他都感觉自己很愚蠢而且不够格。他从未将自己的这个梦想告诉任何人，因为他觉得人们一定会嘲笑他。写小说的人才不会像他那样。他怎么竟敢妄想写一本书？

乔的认知地图如下所示：

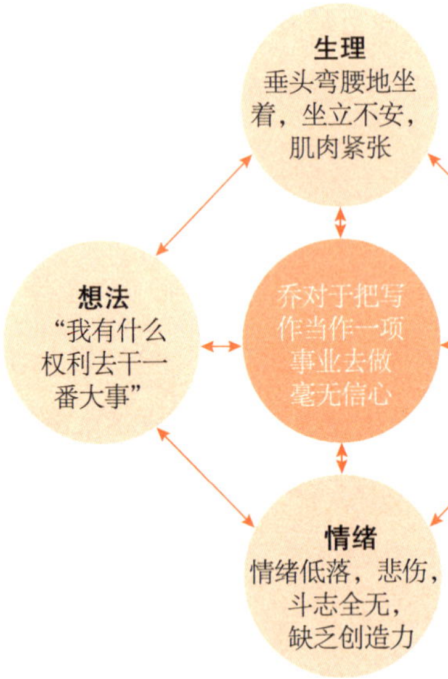


图 10.1　乔的认知地图

承认写作是一个合理的、值得考虑的愿望，仅仅是做到这一点，乔对自己的感觉就可能已然有所好转。此刻，他把这个想法看作一个罪恶的秘密，小心藏匿起来，仿佛这是什么令人羞愧的事。每个人都渴望得到生理及心理上的安全感，但是，你的心理舒适区却可能会变成一个牢笼，使你无法竭尽所能地挥洒自己，无法体验任何新鲜事物。人们只有在出去闯荡、挑战自我的时候，在感到自己似乎正在学习与收获的时候，才能获得奖赏。当一切按部就班，你的大脑根本不会做出任何反应，然而，当你所做的事出人意料，一切便迅速行动起来——你会感到异常兴奋、积极性很高，你的身体会变得警觉，你的行为也会对这一新的驱动力做出反应。由此可见，在生活中寻求新鲜的事物是何等重要。

如果乔将“目标：写一本小说”记在自己的笔记本中，并将其分解为一些可操作的步骤，他可能会感受到这份期许所带来的兴奋感。步骤可能会是：

1. 研究一些创意写作班的课程

2. 打电话进行咨询

3. 学习某一写作课程

4. 在做进一步决定前，寻求指导老师的帮助

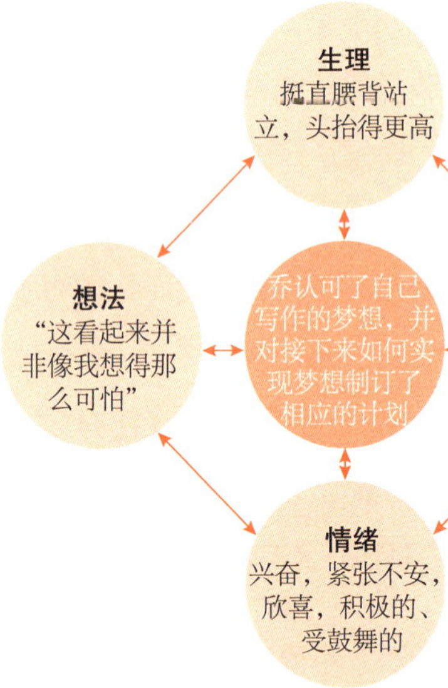


图 10.2　乔的新认知地图

乔将自己想写一本小说的想法列入了抱负清单，这可能会使他的认知地图发生一些变化，如上图所示。

别把这些念头当作非分之想，你应该集中精力为其制订一个计划，开始让梦想照进现实。每个人都拥有梦想，为什么别人要嘲笑你的梦想呢？你必须相信，它们都有可能实现。不过，世上没有免费的午餐，没有一个人是坐在原地，等着别人上门邀请，就成为小说家、画家或者企业家的。所以，你必须采取行动才能让美梦成真。别忘了：凡事都有个开始。

## Ⓢ 计划

1. 将你生活中一直想做却从未付诸行动的事，列一个清单。无所谓大事小事，从“改变自己的发型”，到“学习开飞机”，什么都可以。想游历哪些国家、想获得什么职位、参加志愿活动，或者生一个孩子，这些你都可以考虑。确认你的清单中，既包含职业目标，也包含个人目标，同时包含一些涉及你家人和朋友（包含其他人，使你更有可能将计划进行到底）的目标。此刻，先不要过多地考虑成本问题。

2. 接下来，将清单中所列目标按照短期、中期、长期进行分类，设定一个对自己而言较为现实的时间表，比如，六个月的是短期目标，1~5 年完成的是中期目标，5~10 年内完成的是长期目标。

3. 按照实现的难易程度对这些目标进行排序，比如，把那些实际的、能够负担得起、所需时间最短的目标置于清单顶端，而把那些耗费大量时间和金钱的目标置于底端。

4. 将一个较大的目标分解成一些可操作的步骤，如同乔为实现他的作家梦所做的那样。步子迈小一点，会使任务看起来没那么艰巨，也会激励你实际地采取行动。每当你完成其中一个小任务，都会从中积累自信，同时，对于完成下一步的任务，也会感到更加兴奋、更有把握。

5. 千万不要忽略那些看似遥不可及的梦想。假如，你已经写下“成为一名飞行员”的目标，但是你却只有一只眼睛有视力，而且恐高，你完全可以把这个想法分解一下。飞机驾驶条例是什么？ 你能不能仔细了解一下双人滑翔翼飞行？你可不可以先从小事做起，慢慢积累，再实现最终的目标？对你而言，是否梦想成为飞行员其实只是克服恐高的方式？是否克服恐高才是你真正想要达成的目标？如果事实确实如此，你要不要去了解一下有关恐惧症的课程？也许，你确实需要做出一些妥协，然而，采取一些迂回的办法解决问题，其实也好过统统把它们抹杀掉，这样你的感觉也会更好。

6. 然后……开始行动吧！你可以先从简单易行的任务开始。目睹自己取得的进展会令你倍受鼓舞，从而投入到更艰巨的长期计划中去。

切记：你设定的这些目标一定要是你可以独立完成的任务。不要把精力投入到那些必须依赖他人才能做到的事情上，因为别人还有他们的事情要完成，他们可能会令你失望，虽然这并非他们的过错。涉及其他人的任务当然很棒，但必须在不依赖他们也能取得成功的前提之下。

每一天都设法为实现目标做一些积累，这有助于你维持注意力、保持动力，并将为之努力变成一种习惯，这样你就更不容易被“改天再想这件事吧”之类的借口所诱惑，以至于把清单随意抛之脑后。

有些人发现，把自己取得的成绩制作成照片日志，特别能振奋人心。每当完成清单中的一些任务，他们就“啪”地一声把这些拍下来，并附以简短文字，标记一下日期和时间，说明发生了什么事情，以及他们的感觉如何。没有什么能比回顾过往成绩更令人欢欣鼓舞的了。同样，推特和 Facebook 上也有大量相关的信息源，人们在那里谈论自己对未来的计划，以及努力争取的目标。见证别人的奋斗历程，同样很激励人心。

这个练习的关键，并不是奋力完成清单里的所有目标，让自己陷入没头苍蝇般的瞎忙乱撞之中，它的关键在于，享受为实现目标而全力付出的这段旅程。你需要细细体味你所做的事，尽情享受整个过程。举例来说，假如你正在为一次环球旅行而积攒旅费，每次你又多存了 2000 元时，便可以给自己一些小小的奖励。当你又达成了一个目标，你可以第一时间与你的朋友们分享，或者出去喝两杯。为自己取得的阶段性胜利进行庆祝，这个简单的方法能使你的内心更加坚定，也能使你对自己正在做的事情感觉良好。

## 个人价值

你现已厘清自己要努力争取的目标是什么，既然如此，你也应该仔细考虑，打算如何实现它们。其中的指导原则是价值观，确切地说，是无论自身境况如何转变，你在生活中都将遵循的价值观念。它们会为你带来动力、满足感，让你体验到人生完满的感觉。我们时常被生活的细枝末节缚住手脚，轻易忘掉生命中真正重要的是什么。重新评估你认为重要的事，这会提醒你在日常生活中专注于此。

### Ⓢ 选择你的指导原则

- 挑出五项你认为在你的生活中最不可或缺的价值观，并按照重要性为它们进行排序（1= 最重要；5= 最不重要）。

- 接下来，挑出五项你认为对你来说最不重要的价值观，也为它们进行排序（1= 最没有价值）。

| 最重要 | 最不重要 |
|---|---|
| 1. 自信<br>2. 乐趣<br>3. 忠诚<br>4. 爱<br>5. 抱负 | 1. 威信<br>2. 名望<br>3. 安全<br>4. 权力<br>5. 美德 |

这一练习的目的在于，让你认识到什么才是对你重要的事，并利用这些价值观塑造你的人生。你只能挑出你自己认为重要的，而不要考虑他人如何评价，或者你的伴侣认为重要的是什么。

只要确信自己感到满足，无论你决定专注于什么都无关紧要。假如你的目标清单完全是以工作为本的，并且你认为最重要的价值观是“抱负”“财富”“成功”与“控制”，但你的自我感觉却没得到任何改善，甚至在你完成清单中的任务时也是如此，那么，是时候重新评估一下自己的价值观了。也许你尚未找到一个适合自己的定义成功的方式。其实成功并不一定专指经济上或职业上的，它也包括你个人生活中的满足感。因此，选择你想要专注的事情，会令你更能意识到你目前过着怎样的生活，你可能错过了些什么。事实上，改变并且成为自己想要成为的人，永远都不会晚。这些并不是最终确定的，如果我们漏掉了什么，你可以自行补充。

## 价值观列表

**接纳：** 感觉在同龄人中被接纳

**成就：** 实现我想要完成的目标

**抱负：** 奋发向上，总想改善自己

**吸引力：** 对自己的个人形象负责

**关心：** 总能考虑到他人的情绪和处境

**同情心：** 关心他人及自己

**自信：** 对自己的技能和能力有信心

**有礼貌：** 对他人礼貌周到

**创造力：** 有原创的想法

**可信赖：** 是可靠且可以信任的

**公平：** 对自己和他人公平

**家庭：** 拥有幸福、充满爱的家庭

**灵活性：**很容易调整自己，以适应新的不寻常的环境

**友善：**有亲密且具有支持性的朋友，被认为对他人友善

**乐趣：**被认为很容易相处，并且懂得花时间享受自己的人生

**慷慨：**将我能给的，都给予他人

**健康：**生理以及心理上的健康

**诚实：**尽可能真实、诚恳

**谦逊：**谦虚，没有不必要的自我标榜

**幽默：**总是试图看到有趣的一面

**独立：**相信自己以及自己的决策力

**公平正义：**尽我所能地促进对他人公平、平等的待遇

**智慧：**从未停止学习

**爱：**爱他人，以及被亲密之人所爱

**忠诚：**被认为可靠、值得信赖

**名望：**受很多人爱戴

**权力：**控制他人

**现实的态度：**尽可能现实、客观地看待事物

**信仰：**遵循我所选择的宗教教义行事

**尊重：**令人尊重、信任、尊敬，并尊重、信任、尊敬他人

**责任感：**竭尽所能制定并执行重要的决定

**风险：**勇于冒险并充分利用得到的机会

**安全：**对自己的所思所想、所作所为感到安全

**自我控制：**能约束并控制自己的行为

**自尊：**只因为我是我而喜欢自己

**自我认识：**有深刻的、诚实的自我理解

**性：**拥有充满活力和令人满足的性生活

**灵性：**灵性上的成长

**力量：**有强健的体魄以及/或培养内在的力量

**成功：**达成我所有的目标，或者至少尝试一下

**忍耐：**接纳并尊重那些与我不同的人、事、物

**美德：**拥有一个美好的、道德的生活

**财富：**拥有大量财产

## 温馨提示

√ 制定目标会让你的生活更有意义，并令你感到更加满足。

√ 努力达成自己真正想要实现的目标会助你建立自信。

√ 承认对自己很重要的那些价值观，会激励你成为你想成为的人。

# 后　记

恭喜你！你已将本书全部读完，但愿你比当初捧起这本书之时，更加自信、快乐，也更有安全感了。我们会衷心地为你祈祷，希望现在的你能以更现实、更公正的眼光看待自己。

你自信的话就要学会在值得表扬的事情上不吝惜夸奖自己，由衷地赞赏自身的实力以及所取得的成功，无论如何，这是你必须要学会的。改变对自己的信念是一个长期而持续的过程。你对自己的消极看法并非一朝一夕建立起来，若想彻底打败它也不可能一蹴而就。也就是说，即使你还做不到为自己有多棒而欢呼雀跃，那也无需恐慌。建立自信需要练习。你要反复训练自己，以公平而一致的方式看待自己所做之事，而不是总带着挑剔的眼光。然而，如若你对自己的感觉哪怕有一丁点儿好转，并对未来充满希望，你都应该为自己开香槟庆祝，因为这非常了不起。实现这些转变一直是——且日后依然是——一项艰巨的任务，而能够认可你目前所取得的进步、获得的成绩，就变得尤为重要。

为了评估你目前所取得的进步，请回答下列问题：

**1. 在阅读本书后，你的感觉如何？**

A　和以前一样，没有变化

B　有一点好转，开始仔细考虑这个问题

C　好转，有所改善

D　惊人的，转变

如果你选择 A，想一想，你是否真正投入了全部精力去尝试这些策略？你是否愿意再尝试一遍？倘若本书并没有给你带来预期的帮助，你仍感到存在自信问题，我们建议你去咨询自己的家庭医生，他们会给你推荐更进一步的治疗。在本书的末尾，我们也列出了一些有用的资源以及网站，可供参考。

如果你选择 B~D，我们则非常为你感到高兴，假如你能坚持练习从本书中所学到的策略，你一定会朝着更好的方向发展。

**2. 在第 10 章的最后，我们提供了一个可供参考的价值观列表，其中有哪些特别能引起你的共鸣？**把它们记录在你的日记或笔记本中，这样，每次你需要补充能量的时候，就可以浏览一遍，激励自己。

**3. 你有哪些支持网络能够帮助你巩固学习成果？**如果还没有，你可以考虑将现在正在做的事告知你的家人和朋友。他们的鼓励对你来说十分难能可贵，并且具有一定的激励作用。与他们讨论也可以帮你澄清一些问题，碰撞出一些不一样的火花。你也可能会发现这其中可笑的一面。对此付之一笑会立即改善你的情绪，令你感觉更轻松、更快乐，也更能应对目前的状况。

**4. 你认为未来可能会遇到哪些阻碍，使你偏离正轨？**把这些可能存在的障碍记录下来，随后找出解决之道。

**5. 回顾第 2 章中的症状自查清单，把符合你现在情**

**况的症状勾选出来。**将其与你最初勾选过的清单作对比，结果如何？但愿你的“选择”已大大减少了。如果你仍有一些症状，则可以翻回到本书的相关章节，再次仔细阅读，反复尝试其中介绍的策略，直至感觉自己有信心击败它们。

**6. 你会摒弃自己的消极自动思维，开始更现实地看待自己以及自身的处境吗？**

**7. 你是否不会再对每件事都做出令人焦虑的消极预期，而是勇敢地去尝试？**

**8. 你会试着像那些胸有成竹的人一样，抬头挺胸，站直一些吗？**

**9. 你会打算把短期和长期的目标一一列出，并开始设法实现它们吗？**

**10. 你打算何时开始转变思维方式？**

A　我已经开始了

B　今天

C　明天

D　下周

E　明年

F　无所谓

以上这些问题并没有正确答案，只是让你评估一下自己当前的感受，考虑一下是否想要专注于某些具体的领域。你已经掌握了提升自信及自尊的方法，至于如何使用它们则完全取决于你自己。本书试图传达的一个基本要义即：认识到你是有其他选择的。如果你对做出改变感到很激动，那么，我们会向你致敬。这真的很难，但却非常值得赞赏。并且，改变一定会起到作用。

假如你尚未完全领会书中的某些段落，大可以翻回去再次阅读，再次尝试。提醒自己，你应该做些什么，以及为什么要这样做。想改变你的行为及思维方式并非易事。尤其当你的坏习惯已养成多年，改变就变得更加困难。然而，考虑以不同的方式做事往往正是最艰难的所在，而你如今早已跨越了那个阶段，所以，这也并非没有可能。不要给自己过多压力，妄图一夜之间就发生改变。这需要花时间，当然，也值得花费时间。在一个月、半年或者一年内，抽时间重新阅读本书，看看到那时你的感受有多么不同。重读本书可以使这些观念在你的心中永葆鲜活。同时，你要坚持常常翻阅你的笔记本。看看自己已经取得了哪些进步，这可以提醒你别忘记那些有帮助的技巧和窍门。

不安全感和低自尊会令你压力重重，严重影响你对生活的感知。这样的情形原本不必发生，因为，你要做什么以及打算如何做，均受控于你自身。也许，有时你仍对自己有所怀疑，这很正常，但你现在已经有能力找出正确的方法，所以你会知道，自己能够应付。当你下定决心无论如何都要活下去的时候，不要让生活悄无声息地从你身边溜走。

自信及自尊对于充实而快乐的人生而言是必需的，而这两者也都是你理应得到的。

## 拓展阅读

Melanie Fennell，Overcoming Low Self-Esteem (London，Constable & Robinson，2009)

Gillian Butler，Overcoming Social Anxiety and Shyness (London，Constable & Robinson，2008)

Dennis Greenberg and Christine Padesky，Mind over Mood：A Cognitive Treatment Manual for Clients (New York，Guilford Press，1995)

## 有用的网站：

MIND，The National Association for Mental Health：www.mind.org.uk

Time to Change：www.time-to-change.org.uk

Mind Tools，Building Self Confidence：www.mindtools.com/selfconf.html

Social Anxiety UK：www.social-anxiety.org.uk

Moodjuice：www.moodjuiece.scot.nhs.uk/shyness socialphobia.asp

Be Mindful：bemindful.co.uk

Mood Gym：moodgym.anu.edu.au

Living Life to the Full：www.llttf.com

The Centre for Clinical Interventions：www.cci.health.wa.gov.au/resources

The Mental Health Foundation：www.mentalhealth.org.uk

The American Mental Health Foundation：www.american mental health foundation.org

The Beck Institute：www.beckinstitute.org

Cruse Bereavement Care : www.cruse.org.uk

Relate : www.relate.org.uk/home/index.html

Frank : friendly confidential drugs advice : www.talktofrank.com

Alcohol Concern : www. alcoholconcern.org.uk

The British Association for Behavioural & Cognitive Psychotherapy : www.babcp.com

Samaritans : www.samaritans.org

## 致 谢

感谢所有相信这套丛书，并使它们最终得以问世的人们。在此，我们要对自己的家人致以最诚挚的谢意，尤其是本、杰克、麦克斯以及伊迪。同样感谢我们的代理人珍·格雷厄姆·莫为我们提供了诸多良好的建议，感谢我们的编辑克里·恩佐那富有感染力的热情，以及佩吉·萨德勒无与伦比的设计技巧与能力。最后，杰瑟米还要感谢所有教导过她、支持过她及激励过她的心理学家、健康专家和来访者们。